Katzen können sicherer leben

Impfungen auf dem Prüfstand

Dr. Michael Streicher

Inhalt

Vorwort

Wie schon so manch anderer Ratgeber, so ist auch dieser aus einer Not heraus entstanden, oder besser gesagt, aus einem Bedürfnis nach Informationen, an die Katzenhalter nur schwer oder gar nicht herankommen. Das größte Problem, das sich einem interessierten Katzenhalter stellt, ist verständliche und fachlich fundierte Informationen zu erhalten, die es ihm ermöglichen, sich ein eigenes Urteil über den Sinn oder Unsinn von Impfungen zu bilden. Wenn er es denn möchte! Der interessierte und kritische Tierarztkunde stellt allerdings die Ausnahme dar. Fast alle Katzenhalter verlassen sich auf die Empfehlungen ihres Tierarztes. Diejenigen, die kritische Fragen stellen oder sogar eine eigene Meinung hinsichtlich Impfungen haben, sind selten. Leider! Während noch vor einigen Jahren die Impfung als *Jahresspritze* bezeichnet wurde, und die jährliche Routinekontrolle mit der gleichzeitigen Impfung verbunden wurde, kommt man mehr und mehr von diesem starren Schema weg. Die *Jahresspritze* muss nicht mehr zwangsläufig jedes Jahr gegeben werden.

Bereits vor zwei Jahren begann das Umdenken in der eigenen Praxis, weil mehr und mehr Informationen bereitstanden, die, unter bestimmten Voraussetzungen, längere Impfintervalle als die bisher angewandten empfahlen. Diese Informationen haben nichts mit den im Internet kursierenden „Expertenmeinungen" von selbst ernannten Katzenkennern zu tun, deren Aussagen zwar polarisieren und emotional berühren, aber nichts für den Infektionsschutz der Katze beitragen.

Die Frage ist: Gibt es außerhalb der Angaben in der Packungsbeilage des jeweiligen Impfstoffes verlässliche und rechtlich sichere Informationen, auf die der Tierarzt im Rahmen seiner Sorgfaltspflicht guten Gewissens zurückgreifen kann?

In Deutschland gibt es mit Ausnahme der Tollwutimpfung für unsere Katzen keine rechtlich geregelten Impfungen. Jeder Katzenhalter kann und darf auf Impfungen für seine Katze verzichten. Dass Impfungen sinnvoll und anzuraten sind, steht außer Zweifel. Da es keine gesetzlichen Vorschriften, Ausnahme Tollwut, bezüglich der Impfungen gibt, ist es dem Tierarzt im Rahmen seiner Aufklärungs- und Sorgfaltspflicht möglich, seine Entscheidung für oder gegen eine Impfung, für oder gegen ein längeres Impfintervall, individuell zu überdenken.

Für den Tierarzt ist es schwierig bis unmöglich, seine Impfempfehlungen anhand persönlicher Erfahrungswerte zu geben, er muss sich vielmehr an fachlich kompetente Informationsquellen halten, die ihm auch zu Genüge zur Verfügung stehen.

Leider ist es jedoch so, dass die Impfempfehlungen dieser Fachgremien nicht einheitlich sind, sodass auch hier kein gemeingültiger Leitfaden für das eigene Impfmanagement gefunden werden kann. Dennoch gibt es viele Gemeinsamkeiten innerhalb der Empfehlungen, Richtlinien und Leitfäden, die es herauszufinden gilt, um diese dann in der Praxis auf die Katze individuell umzusetzen. Wer sich mit den unterschiedlichen Impfempfehlungen auseinandergesetzt hat, der wird erkennen, dass die Impfungen im Rahmen des Infektionsschutzes unserer Katzen deutlich seltener durchgeführt werden können, als bisher allgemein angenommen.

Letztendlich ist es jedoch nicht der Katzenhalter, der sich für oder gegen eine bestimmte Impfung entscheidet, sondern der Tierarzt, der für das Wohl seiner Patienten verantwortlich ist. Für eine Impfung ist nicht nur wichtig, dass die richtige Impfung für eine ausreichende Infektabwehr verabreicht wird, sondern auch, dass keine Impfung unnötigerweise oder in zu häufigen Abständen verabreicht wird. Andererseits sollten auch keine Impfungen in zu langen Zeitintervallen aufgefrischt werden. Dieser Ratgeber möchte einen wichtigen Schritt zur Verbesserung der Impfsicherheit unserer Katzen beitragen.

Dr. med. vet. Michael Streicher / April 2014

Haftungsausschluss

Die Inhalte dieses Ratgebers sind verlässlich und sorgfältig erarbeitet worden. Erkenntnisse der Medizin und Tiermedizin unterliegen jedoch einem ständigen Wandel durch die wissenschaftliche Forschung und Entwicklung, sodass Empfehlungen, Leitlinien und Richtlinien, aber auch Gesetze und Verordnungen, diesem Wandel ebenfalls unterworfen sind. Der Autor verwendet größte Sorgfalt darauf, medizinische und tiermedizinische Informationen korrekt und in einer für Laien verständlichen Form darzustellen. Es wird jedoch keine Gewährleistung für die Vollständigkeit, Richtigkeit, Genauigkeit und Aktualität des Inhaltes dieses Ratgebers gegeben. Bei Fragen wenden Sie sich bitte immer an Ihren Tierarzt!

Impfungen

Unter einer Impfung versteht man die Gabe von Impfstoffen, mit dem Ziel, den Organismus gegenüber einer Infektionskrankheit zu immunisieren. Dabei macht man sich die spezifische Immunreaktion zunutze, die auch als erworbene Immunantwort bezeichnet wird. Unser Immunsystem, und auch das unserer Katzen, ist in der Lage, Krankheitserreger aufgrund ihrer Oberflächenstruktur zu erkennen und dagegen Abwehrstoffe zu bilden, die auch als Antikörper bezeichnet werden. Vom Immunsystem werden Gedächtniszellen gebildet, die den Erreger bei einem erneuten Eindringen in den Organismus wiedererkennen, und schnell die entsprechenden Antikörper zur Abwehr produzieren.

Im Rahmen einer Impfung werden in den Organismus in der Regel abgetötete oder abgeschwächte Erreger eingebracht, die keine bedrohlichen Krankheitssymptome hervorrufen können. Dennoch sorgen sie dafür, dass Antikörper und Gedächtniszellen für eine zukünftige effektive Immunabwehr produziert werden. Bis sich jedoch eine belastbare Immunität ausgebildet hat, können im Rahmen dieser sogenannten Grundimmunisierung mehrere Teilimpfungen nötig sein. Wie lange der Schutz im Anschluss anhält ist abhängig vom Erregertyp.

Edward Jenner bezeichnete die Pockenschutzimpfung als *Vaccination*, abgeleitet von der lateinischen Bezeichnung *vaccinus*, was *von Kühen stammend* bedeutet. Im Deutschen steht der Begriff Vakzination für die Schutzimpfung eines gesunden Organismus mit abgeschwächten oder inaktivierten Krankheitserregern.

Im Jahre 1796 infizierte der englische Landarzt Edward Jenner einen Jungen mit Kuhpocken. Da dieses Kuhpockenvirus mit dem menschlichen Pockenvirus verwand ist, war der so infizierte Junge nicht nur gegen die Kuh-, sondern auch gegen die Menschenpocken geschützt. Erst einige Zeit später wurde jedoch der ursächliche Zusammenhang erkannt, da viele Krankheitserreger bis dato unbekannt waren. Im Jahre 1864 postulierte der französische Wissenschaftler Louis Pasteur seine Keimtheorie, die von Robert Koch bestätigt wurde.

Nach der Entdeckung der krankmachenden Erreger, begannen Wissenschaftler Impfstoffe zu entwickeln. Die ersten entwickelten Impfstoffe schützten vor Anthrax, Tollwut und Typhus.

Die Unterteilung der Impfstoffe kann in Lebend- oder Totimpfstoffe erfolgen. Bei der zuvor erwähnten Pockenimpfung des Arztes Jenner handelte es sich um einen Lebendimpfstoff. Aber nur wenn es sich um unschädliche Erreger handelt, kann mit diesen geimpft werden. Die Impfungen, unabhängig ob Lebend- oder Totimpfstoffe, können gleichfalls nach ihrer Notwendigkeit unterteilt werden in Core- und Non-Core-Impfungen oder auch Pflicht- und Wahlimpfungen. Unter den Begriff der Core- oder Pflichtimpfungen fallen alle jene impfbaren Erkrankungen, die zoonotische Eigenschaften aufweisen und somit die Gesundheit des Katzenhalters gefährden oder bei der Katze selbst zu einem lebensbedrohlichen Krankheitsbild führen, wie zum Beispiel die Impfung gegen Katzenschnupfen und Katzenseuche.

Non-Core-Impfungen stellen ebenfalls einen wichtigen Schutz für die Katzen dar, allerdings profitiert je nach Lebenssituation nicht jede Katze von diesen Impfungen. Non-Core-Impfungen sind also immer an die jeweiligen Lebens- und Haltungsumstände der Katze anzupassen.

Impfsicherheit

Dass Impfungen Leben retten und schützen können ist unbestritten. Doch keine Impfung kann einen 100 %igen Schutz bieten. Bei der Impfung einer bisher ungeimpften Population, egal, ob Mensch, Hund, Katze oder Kaninchen, kann mit einem Impfschutz von etwa 70 bis 80 % gerechnet werden. Das bedeutet zwar einerseits, dass bis zu 8 von 10 Tieren durch die Impfung gegen den Erreger geschützt sind, aber andererseits 2 bis 3 von 10 Tieren bei einem starken Infektionsdruck keinen ausreichenden Impfschutz vorweisen können, obwohl sie geimpft sind. Es gibt auch Tiere, die nicht oder nur unzureichend auf eine Impfung ansprechen, und somit keine ausreichende Immunität entwickeln. Da Impfungen aber nicht nur Leben schützen, sondern auch bedrohen und zerstören können, muss der Tierarzt bei jeder Impfung das Für und Wider, insbesondere hinsichtlich der möglichen Infektionsgefahr der Katze, abwägen.

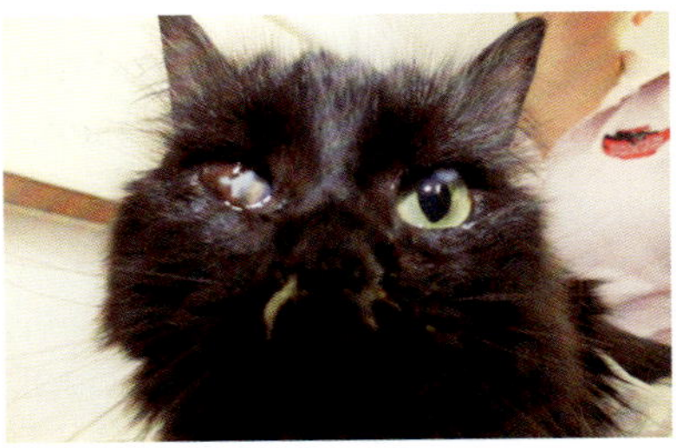

Die Erreger des Katzenschnupfens sind in der Katzenpopulation weit verbreitet. Impfungen bieten nicht nur vor dieser Erkrankung einen guten Schutz, sondern auch vor einer Reihe anderer Infektionen.

Generell kann jedes Medikament, jede Arznei und jede Substanz, die man einer Katze, einem Hund oder auch einem Menschen zuführt zu einer übermäßigen Reaktion des Organismus und zum Tode führen. Neben den innerhalb weniger Minuten bis Stunden nach einer Impfung auftretenden Impfkomplikationen hat sich in den letzten Jahren insbesondere die Angst vor der Entstehung eines Fibrosarkoms herauskristallisiert. Dieses Fibrosarkom ist ein bösartiger Tumor, der vermehrt an den Stellen auftrat, in die zuvor eine Impfung injiziert wurde. Zwischen der Impfung und der Tumorentstehung können mehrere Jahre liegen. Zusatzstoffe in den Impfungen, die sogenannten Adjuvantien, wurden ursächlich mit der Tumorentstehung in Verbindung gebracht.

Lange Zeit sprach man nur vom impfassoziierten Fibrosarkom, viele tun dies auch heute noch. Doch Impfungen führen per se nicht zu Tumoren. Was zu einer Fibrosarkombildung führen kann, ist die durch die Impfung ausgelöste Entzündungsreaktion in der Unterhaut. Histopathologische Untersuchungen zeigen den Übergang von granulomatösen Entzündungen zu Sarkomen. Einige Impfungen hatten und haben Zusatzstoffe, die Adjuvantien, die zu einer verstärkten Entzündungsreaktion führen. Mittlerweile kann aber weitestgehend auf Impfstoffe zurückgegriffen werden.

Aber auch bei Adjuvantien-freien Impfstoffen können noch Wochen nach der eigentlichen Injektion Entzündungsreaktionen der Unterhaut histopathologisch nachgewiesen werden. Insbesondere bei Wiederholungsimpfungen im Abstand von wenigen Wochen, kann durch die Injektionen in immer das gleiche Hautareal die Entzündung möglicherweise potenziert werden und zu einer Begünstigung des Tumorwachstums führen.

Wichtig zu wissen

Jedes unter die Haut verabreichte Medikament kann zu Entzündungsreaktionen führen, diese entstehen nicht ausschließlich aufgrund von Impfungen. Welche Präparate genau zu welchem Ausmaß an entzündlichen Veränderungen führen ist noch unbekannt.

Impfunsicherheit

Viele Katzenhalter haben sich im Laufe des Zusammenlebens mit ihrem Haustiger zu Spezialisten in vielerlei Bereichen entwickelt, auch dank der immer mehr werdenden sehr guten Literatur über Katzenmedizin, Verhalten, Ernährung und anderen Themen. Interessanterweise wissen die wenigsten aber, gegen was ihre Katzen geimpft werden sollten, und vor allem: in was für Abständen. Anhand welcher Vorgaben, Richtlinien, Gesetze oder Informationen soll man sich für oder gegen eine Impfung entscheiden? Glaubt man den Impfgegnern, den Impfkritikern, dem Tierarzt, der Pharmaindustrie oder den Internetforen?

Sollen doch die anderen

Wenn 20 % der Katzenpopulation nicht geimpft sind, ist die Wahrscheinlichkeit sehr groß, dass die geimpften 80 % zum Schutz der ungeimpften beitragen. Es kann jedoch passieren, dass bei zu großen Impfabständen oder dem Auslassen von Impfungen die Immunität nachlässt, und es zu schwerwiegenden Infektionen kommt.

Es ist also riskant, sich auf den Impfschutz der anderen zu verlassen, zumal es in Deutschland eine große Zahl von frei lebenden Katzen ohne tierärztliche Versorgung gibt, die ungeimpft auf unsere Freigängerkatzen treffen können.

Der Tierarzt ist letztendlich derjenige, der empfiehlt, welche Impfungen für Ihre Katze infrage kommen und welche nicht. Mit Ausnahme der Tollwutimpfung für Katzen im innereuropäischen Reiseverkehr gibt es keine Impfung, die gesetzlich vorgeschrieben ist. Im Gespräch mit Ihnen über die Lebensgewohnheiten Ihrer Katze und anhand der bisher durchgeführten Impfungen wird der aktuelle Impfbedarf ermittelt.

Egal, was man über Impfungen gehört oder gelesen hat: Sie sind sinnvoll, solange sie nicht wahllos und ohne individuelle Betrachtung der Katze an jede beliebige Stelle des Katzenkörpers verabreicht werden.

Zu viel

Schaut man sich Impfpässe von Katzen in Deutschland an, dann kann festgestellt werden, dass ein Großteil nicht zu wenig, sondern zu viel geimpft wurde. Dies entspringt der Verunsicherung von Katzenhaltern und auch Tierärzten, wie genau der optimale Schutz für das individuelle Tier auszusehen hat. Wenn man gegen alles impft, sollte man doch auch gegen alles geschützt sein.

Das tierärztliche Impfgespräch zur Einschätzung einer möglichen Infektionsgefahr der Katze hat oberste Priorität, da Impfungen nicht nur Impfreaktionen, wie Schwellungen und Schmerzen an der Injektionsstelle auslösen können, sondern auch Impfkomplikationen, die in sehr seltenen Fällen zu schweren und komplikationsreichen Erkrankungen bis hin zum Tod führen können. Die Entscheidung, aufgrund der potenziellen Gefahren nach Impfungen seine Katze gar nicht mehr impfen zu lassen, mag auf den ersten Blick verständlich erscheinen, ist aber ebenso falsch, wie seine Katze gegen alles zu impfen, wogegen es einen Impfstoff gibt.

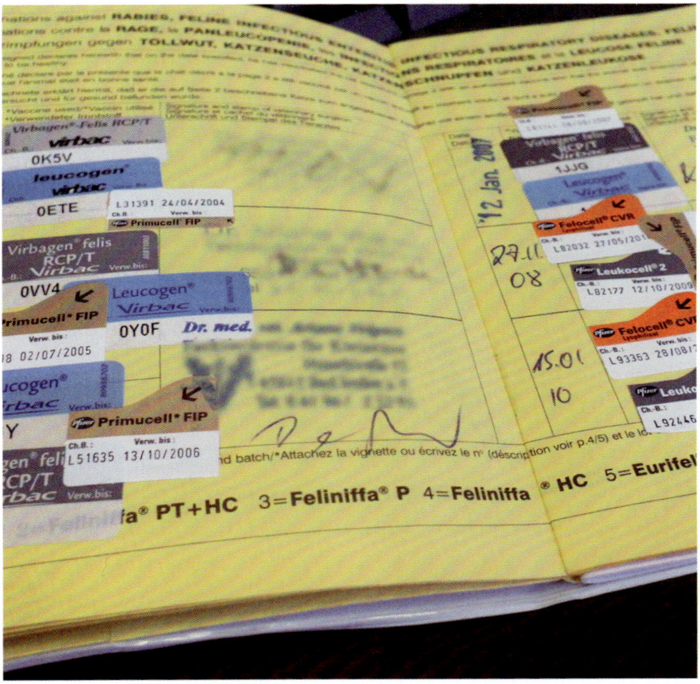

Kein seltenes Bild: der Impfpass einer 9-jährigen Katze, die noch nie die Wohnung verlassen hat. Es gibt kaum eine Impfung, die hier noch fehlt. Fragt man nach dem Warum: „Das haben wir von klein auf so gemacht." Der Tierarzt muss im Rahmen seiner Sorgfaltspflicht solche Ausmaße von Impfungen verhindern.

Welche Impfung, wie oft

Letztendlich wird Sie der Tierarzt hinsichtlich des Impfstoffes und der Impfhäufigkeit Ihrer Katze beraten. Da dieser sich die Intervalle und Impfempfehlungen nicht ausdenkt, stellt sich die Frage, wo der Katzenhalter und auch der Tierarzt Informationen finden, deren Verfasser man nicht von vorneherein ein finanzielles Interesse an der Vermarktung von Impfstoffen unterstellt, und die Katze einen ausreichenden Schutz vor Infektionskrankheiten erhält, ohne sie jedes Jahr gegen alles impfen zu müssen.

Die Deutschen Impfempfehlungen für die Kleintierpraxis werden von Fachvertretern und Wissenschaftlern zusammengefasst und jährlich von der Ständigen Impfkommission im Bundesverband Praktizierender Tierärzte e.V. aktualisiert. Das Ziel ist die Verbesserung und die Anpassung der herauszugebenden Impfempfehlungen an sich ändernde wissenschaftliche Erkenntnisse. So heißt es in der Leitlinie zur Impfung von Kleintieren aus dem Juli 2013, Zitat:

„Die von den wissenschaftlichen Mitgliedern der Ständigen Impfkommission Vet. (StIKo Vet.) ausgearbeiteten Empfehlungen entsprechen in Einzelfällen nicht den Anwendungsempfehlungen der Hersteller in den Packungsbeilagen.

Diese 13-jährige Katze lebt in der Wohnung mit Zugang zum Balkon im 2. Stock. Da dort eine mögliche Infektionsgefahr auf die Katze lauert, wurde sie mit dem *optimalen* Impfschutz versorgt: Tollwut, Leukose, FIP und Katzenschnupfen/-seuche. Laut Aussage des Katzenhalters wurden ihr diese Impfungen vom Tierarzt empfohlen.

Die Packungsbeilagen sind aber Teil der Zulassung eines Impfstoffs. Über die Verbindlichkeit der Anwendungsempfehlungen gibt es daher unterschiedliche Rechtsauffassungen. Die vorliegenden Empfehlungen basieren jedoch ausdrücklich auf wissenschaftlichen Erkenntnissen oder – wenn die Datenlage eine abschließende Bewertung nicht zulässt – auf dem Konsens des Expertengremiums der StIKo Vet. Gegebenenfalls von den Herstellerangaben abweichende Empfehlungen sollen auch dazu beitragen, die Impfstoffhersteller zu einer Ergänzung ihrer Impfstofflinie zu motivieren, die den aktuellen wissenschaftlichen Erkenntnissen entspricht."

Inwieweit sich der Tierarzt bei der Auswahl seiner Impfempfehlungen und der Impfintervalle für die Wiederholungsimpfungen an diese Empfehlung halten muss, soll oder kann, ist fraglich, heißt es doch, Zitat:

„Die Leitlinie zur Impfung von Kleintieren ist nicht starr und nicht verbindlich, sondern stellt eine Entscheidungshilfe für den anwendenden Tierarzt dar. Sie wird in regelmäßigen Abständen überprüft und gegebenenfalls ergänzt oder geändert."

Welche Informationsquellen nutzt aber nun der Tierarzt für seine Entscheidungen hinsichtlich der Impfungen? Es ist ihm freigestellt! Dies bedeutet jedoch nicht, dass er jede beliebige Informationsquelle für seine Impfentscheidung heranziehen kann, die sich berufen fühlt, eine Meinung über Impfungen kundzutun.

Bei den von der Impfkommission erarbeiteten Anwendungsempfehlungen handelt es sich um die Konkretisierung der Sorgfaltspflichten, denen der Tierarzt im Rahmen seiner Berufsausübung unterliegt.

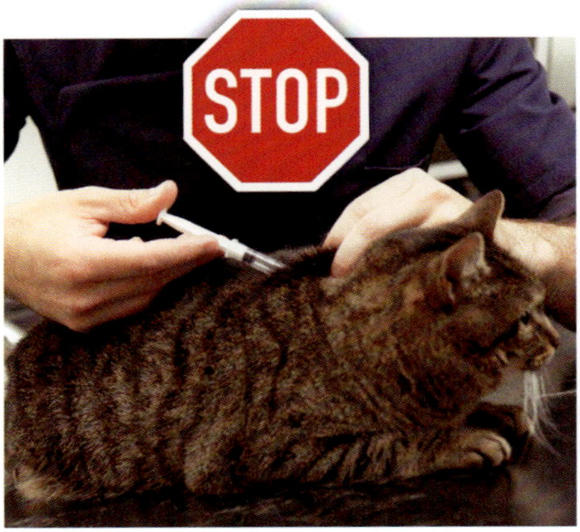

Es geht nicht nur um die Notwendigkeit des Impfstoffes, sondern auch um die Lokalisation der Injektion. Der Nacken der Katze, sowie die seitliche Brustwand, sollten für Injektionen vermieden werden.

Sorgfaltspflicht

Die tierärztliche Sorgfaltspflicht gilt auch bei der Aufklärung und Beratung und nicht ausschließlich bei der Untersuchung, Diagnosefindung und Behandlung. Nicht nur die Behandlung muss gemäß den aktuellen tiermedizinischen Kenntnissen und Erfahrungen mit der nötigen tierärztlichen Sorgfalt erfolgen, sondern auch die Beratung, in diesem Falle die Beratung über die nötigen Impfungen mit den dazugehörigen Impfintervallen. Ist der Tierarzt im Zweifel über das bei der Katze richtigerweise anzuwendende Verfahren, muss er sich für die ungefährlichste Methode entscheiden.

Rechtlich relevant werden die Sorgfaltspflichten in solchen Situationen, in denen etwas nicht so läuft, wie es gewünscht war, und der Tierarzt mit einem Haftungsanspruch konfrontiert wird. Im Falle einer gerichtlichen Auseinandersetzung hat das Gericht zu prüfen, ob und inwieweit der Tierarzt seine Sorgfaltspflichten missachtet hat. Das Gericht wird für seine Urteilsfindung im Regelfall auf Leitlinien, Empfehlungen und Richtlinien zurückgreifen müssen, die von tierärztlichen Spezialistengruppen erarbeitet worden sind.

Die *Arbeitsgemeinschaft der Wissenschaftlichen Medizinischen Fachgesellschaften* hat folgende Definition für Leitlinien im humanmedizinischen Bereich herausgebracht, Zitat:

„Die Leitlinien der wissenschaftlichen medizinischen Fachgesellschaften sind Empfehlungen für ärztliches Handeln in charakteristischen Situationen. Sie schildern ausschließlich ärztlich-wissenschaftliche und keine wirtschaftlichen Aspekte. Die Leitlinien sind für Ärzte unverbindlich und haben weder haftungsbegründende noch haftungsbefreiende Wirkung."

Wissenschaftliche Expertenaussagungen, gleichgültig ob sie als Leitlinie, Richtlinie oder Empfehlung bezeichnet werden, stellen keine Rechtsnormen dar, die von Gerichten für ihre Urteilsfindung herangezogen werden müssen. Auch wenn die Auffassung vertreten werden kann, dass Anwendungsempfehlungen den Gerichten verbindlich vorgeben können, wie die Sorgfaltspflichten des Tierarztes auszusehen haben, so widerspricht das dem in der Zivilprozessordnung und in anderen Prozessordnungen verankerten Grundsatz des richterlichen Rechts auf freie Beweiswürdigung.

In der Beweiswürdigung bildet sich das Gericht ein Urteil von der Wahrheit oder Unwahrheit einer Behauptung. Hierbei hat das Gericht unter Berücksichtigung des gesamten Inhalts der Verhandlung und des Ergebnisses einer etwaigen Beweisaufnahme nach freier Überzeugung zu entscheiden, ob eine Tatsache bewiesen oder nicht bewiesen ist. Nur wenn gesetzliche Vermutungen und Beweisregeln vorliegen, muss das Gericht diese für die Urteilsbegründung anführen. Im Falle von Impfungen bei der Katze muss es den Gerichten möglich sein, auf Informationsquellen zurückzugreifen, die den Sorgfaltsmaßstab des Tierarztes näher definieren. Dies wären beispielsweise die bereits erwähnten Leitlinien, Richtlinien oder Empfehlungen. Aber auch die Packungsbeilagen stellen zweifellos eine Informationsquelle dar, die jedoch nicht die Impfempfehlungen der Expertengremien wiedergeben müssen.

Erst im Streitfalle wird sich herausstellen, welche Impfinformationen für den betroffenen Tierarzt relevant sind: Leitlinien, Empfehlungen, Richtlinien oder die vom Impfstoffhersteller erstellte Packungsbeilage? Dazu müsste aber ein Katzenhalter einen Tierarzt verklagen, weil dieser seine Katze zu viel, oder zu wenig geimpft hat, und sich daraus ein nachweislicher Schaden für das Tier entwickelt hat. Auf welchen Informationsquellen der urteilende Richter dann sein Urteil begründet, wird im Einzelfall festzustellen sein. Dem Tierarzt liegen derzeit keine rechtlich verbindlichen Vorschriften vor, anhand derer er seine Impfungen, mit Ausnahme der Tollwutimpfung, vornehmen kann. Er muss sich im Rahmen seiner Sorgfaltspflicht am Wohle der Katze orientieren, ohne ihr, für einen ausreichenden Infektionsschutz zu viel oder zu wenige Impfungen zukommen zu lassen.

Informationsquellen

Auf der Internetseite des Paul-Ehrlich-Instituts, als Bundesinstitut für Impfstoffe und biomedizinische Arzneimittel, werden Katzenimpfstoffe mit einer gültigen Zulassung aufgelistet, anhand derer man auch die in der Packungsbeilage angegebenen Impfintervalle erkennen kann.

Für jeden Impfstoff müssen in der Packungsbeilage genaue Angaben hinsichtlich der Dosierung, Art und Dauer der Anwendung gemacht werden. Die in der Packungsbeilage des jeweiligen Impfstoffes gemachten Angaben müssen aber nicht mit den Empfehlungen der Experten übereinstimmen. Vergleicht man die Empfehlungen unterschiedlicher Fachkreise und Experten mit denen der Packungsbeilagen, erkennt man zum Teil deutliche Unterschiede.

Paul-Ehrlich-Institut
www.pei.de

Andere Länder

Nicht nur in Deutschland ist man bemüht, Katzen mit dem optimalen Impfschutz im Rahmen der tierärztlichen Sorgfaltspflicht zu versorgen. Auf europäischer Ebene gibt es das Advisory Board on Cat Diseases (ABCD), in Nordamerika die American Association of Feline Practitioners (AAFP) und die World Small Animal Veterinary Association (WSAVA), die allesamt Impfempfehlungen, sowie Maßnahmen zur Prophylaxe und Handhabung, nach den aktuellen wissenschaftlichen Forschungsergebnissen zur Verfügung stellen. Schaut man sich die Mitglieder dieser Fachgremien an, fällt auf, dass die Direktorin des Zentrums für Klinische Tiermedizin der LMU München derzeit in drei Gremien zu finden ist: Ständige Impfkommission Veterinär, Europäische Advisory Board on Cat Diseases und American Association of Feline Practitioners. Dies zeigt, dass international eine Zusammenarbeit und ein Austausch der Informationen im Rahmen der Bekämpfung von infektiösen Katzenkrankheiten bestehen.

Jedem Tierarzt, aber auch jedem anderen Interessierten, stehen über das Internet die Informationen und wissenschaftlichen Hintergründe bezüglich der Impfempfehlungen zur freien Verfügung. Die Empfehlungen der Ständigen Impfkommission Veterinär, des ABCD, der WSAVA als auch der AAFP ähneln sich in vielen Punkten, können jedoch auch Abweichungen zeigen.

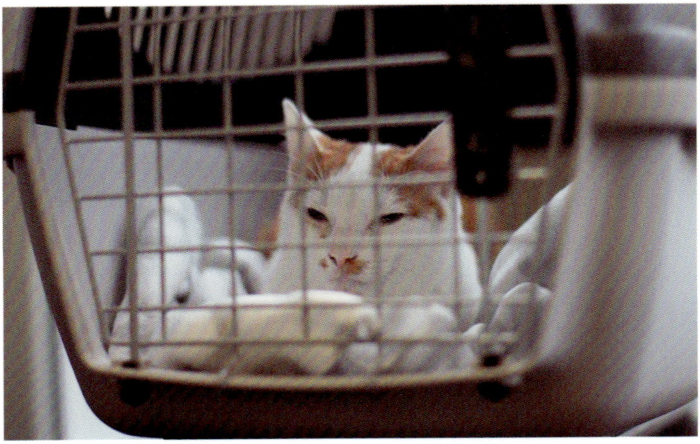

Die dort gemachten Angaben sind Richtlinien, an denen sich der Tierarzt orientieren kann, um so für seine Patientenkatzen ein individuelles Impfschema zu erstellen.

Veterinärmedizinische Fakultäten sind ebenfalls bemüht, Impfempfehlungen dem neuesten Forschungsstand anzupassen. Hier ist insbesondere die Medizinische Kleintierklinik der Ludwig-Maximilians-Universität München zu nennen.

www.abcd-vets.org www.catvets.com www.wsava.org

Kriterien der Impfung

Die Fragen bezüglich anstehender Impfungen sind folgende: *Welche? Wie oft? Wohin?*

Welche Impfung eine Katze erhalten sollte, richtet sich fast ausschließlich nach ihren Lebensumständen: Geht sie ins Freie und hat Kontakt zu anderen Katzen? Lebt sie ausschließlich in der Wohnung oder im Haus und hat keinen Kontakt zu fremden Katzen? Geht sie, wenn Sie in Urlaub fahren, in eine Katzenpension?

Wie oft eine Katze geimpft werden sollte, richtet sich zum einen nach den Lebensumständen, wie beispielsweise Freigänger oder Wohnungskatze, zum anderen danach, ob Sie bei den Empfehlungen der Ständigen Impfkommission, des ABCD, der AAFP, der WSAVA oder ganz woanders, beispielsweise in der Packungsbeilage, nachschauen.

Wohin die Impfung verabreicht wird, spielt insbesondere bei der Risikominimierung der Tumorentstehung bzw. Tumortherapie eine ganz entscheidende Rolle. Während man vor einigen Jahren noch vom *impfassoziierten Fibrosarkom* sprach, verwendet man heute richtigerweise nur noch die Bezeichnung *injektionsassoziiertes Fibrosarkom*, als Bezeichnung für einen Tumor, der in enger Beziehung zu allen Arten von Injektionen unter die Haut steht.

Wer die Wahl hat, hat die Qual. Für die Entscheidung des richtigen Impfstoffs ist das Wissen um die möglichen Infektionserreger und deren Übertragung ganz entscheidend. Braucht eine Katze mit Freigang eine FIP-Impfung? Nein. Dennoch haben viele Katzen eine Impfung gegen das feline Coronavirus, weil fälschlicherweise angenommen wird, dass sich Katzen insbesondere im Freien damit infizieren können. Diese Impfung ist jedoch gut verträglich und braucht nicht injiziert zu werden. Ob diese Impfung überhaupt zu empfehlen ist, ist strittig.

Fibrosarkom

Das Fibrosarkom, ein bösartiger Bindegewebstumor, stellt einen Anteil von mehr als 40 % der Hauttumore und ist damit der am häufigsten vorkommende Hauttumor bei unseren Katzen. Über die genaue Erkrankungshäufigkeit liegen unterschiedliche Zahlen vor. Während man ursprünglich von einer Häufigkeit der Tumorentstehung von 1 Katze von 1000 bis zu 1 Katze von 10.000 ausging, hat man nun aufgrund einer Internet-gestützten Studie aus den USA und Kanada herausgefunden, dass es nur bei 0,5 bis 1 Katze pro 10.000 Katzen zu einer Fibrosarkomentstehung kommt. Auch wenn das Fibrosarkom ursprünglich fast ausschließlich im Zusammenhang mit Impfungen erwähnt wurde, spricht man heutzutage nicht mehr vom impfassoziierten, sondern vom injektionsassoziierten Fibrosarkom. Fibrosarkome stellen zwar den größten Anteil der injektionsassoziierten Sarkome dar, allerdings können auch Myxosarkome, Rhabdomyosarkome, Chondrosarkome als auch maligne fibröse Histiozytome und andere Sarkome als Folge einer Injektion entstehen. Die genaue Entstehungsweise des injektionsassoziierten Fibrosarkoms ist bis heute nicht genau aufgeklärt. Man vermutet hinter der Tumorentstehung einen Mehrstufenprozess, an dem mehrere Faktoren beteiligt sind. Sowohl genetische, durch einen Tierarzt verursachte, als auch lokale Faktoren spielen vermutlich eine Rolle.

Wer es genauer wissen möchte

Zu den genetischen Faktoren gehört die Überexpression des Thrombozyten- Wachstumsfaktors PDGF, des Fibroblasten-Wachstumsfaktors FGF-b und des transformierenden Wachstumsfaktors TGF-alpha. Eine besondere Rolle unter den genetischen Faktoren scheint das Tumor-Suppressorgen p53 zu spielen. Zu den tierärztlichen Faktoren zählt die Verabreichung von Impfungen, wie auch die Anwendung von chirurgischem Nahtmaterial oder die Verabreichung von Depotmedikationen. Im Gewebe entsteht eine subkutane oder intramuskuläre granulomatöse Entzündung, die eine tumoröse Umwandlung von Bindegewebszellen einleiten kann. Sehr häufig finden sich in der Umgebung von Fibrosarkomen massive, entzündliche Ansammlungen von Lymphozyten und Makrophagen. Aus diesem Grund ist die Entzündungsreaktion nach einer Impfung zunehmend in das Interesse der Forschung gerückt.

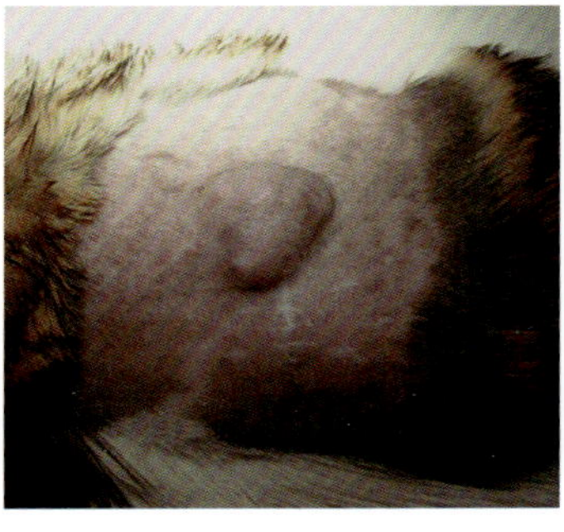

So manche Katze musste ihr Leben aufgrund dieses Tumors lassen: das Fibrosarkom. Das Risiko der Tumorentstehung lässt sich minimieren, sowie die Behandlung aufgrund ausgewählter Injektionsstellen positiv beeinflussen. Impfungen sollten immer wohlüberlegt sein, und der tatsächliche Bedarf überprüft werden.

Zur Risikominimierung der Entstehung von injektions-assoziierten Sarkomen hat die Vaccine-Associated Feline Sarcoma Task Force (VAFSTF) aus den USA einige Empfehlungen gegeben:

- Es sind adjuvansfreie Impfstoffe zu verwenden.
- Subkutane Injektionen sind besser als intramuskuläre, da Tumore in der Unterhaut leichter zu fühlen sind.
- Empfohlene Impfstellen sind die seitliche Bauchwand oder der Oberschenkelbereich, in den Bereich zwischen den Schulterblättern sollte nicht geimpft werden.
- Bei der Verabreichung mehrerer Impfstoffe sollen diese an verschiedenen Stellen verabreicht werden.
- Der Impfungsort sollte im Impfpass vermerkt werden.
- Lokale Impfreaktionen sind im Impfpass zu vermerken, diese sollten alle 6 Monate kontrolliert werden.
- Umfangsvermehrungen im Bereich von Impfstellen sollten durch eine Feinnadelentnahme oder Biopsie diagnostiziert werden. Beim Vorliegen eines injektions-assoziierten Sarkoms sollte die Stelle umgehend großflächig entfernt werden.

Im Abschnitt Injektionen erhalten Sie weitere Informationen über die Vermeidung dieses Tumors.

Adjuvantien

Adjuvantien wurden in den 1920er-Jahren von Gaston Ramon, einem französischen Tierarzt am Pasteurinstitut in Paris entdeckt. Er erkannte, dass die von ihm verwendeten Impfstoffe durch die Beigabe bestimmter Substanzen stärkere Immunreaktionen auslösten, als die Impfstoffe ohne diese Zusatzstoffe. Er nannte diese Substanzen Adjuvantien nach dem lateinischen Wort *adjuvare,* was *helfen* bedeutet. Adjuvantien führen zu einer Gewebereizung an dem Ort, in den sie verabreicht werden. Sie binden das geimpfte Antigen, sodass es zeitlich verzögert freigesetzt wird. Durch diese Depotwirkung können eine erhöhte Antikörperbildung und eine verstärkte Immunantwort erzielt werden. Ölhaltige Adjuvantien zeigen eine stärkere Depotwirkung als beispielsweise Aluminiumverbindungen.

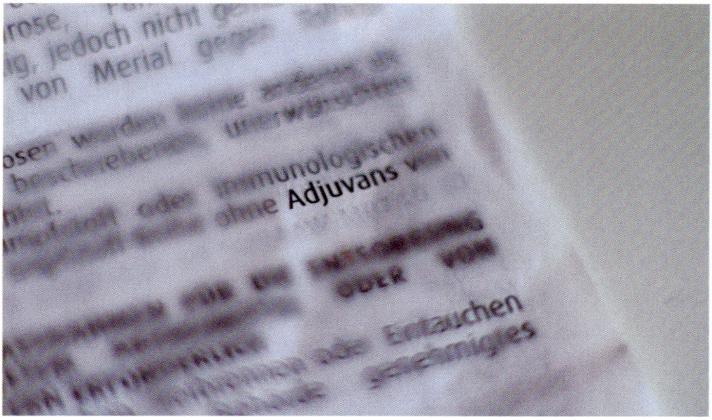

Das mitsamt dem Impfstoff verabreichte Adjuvans führt demnach zu einem lokalen Reiz bis hin zu einer kleinen Entzündung, sodass Komponenten des unspezifischen Immunsystems angelockt werden, um eine möglichst effiziente Antigenpräsentation und ein Milieu von Cytokinen, Interleukinen und Wachstumsfaktoren zu schaffen. Dieses Milieu erleichtert es dem Immunsystem, die spezifischen Komponenten wie B- und eventuell T-Zellen sowie Antikörper zu produzieren, die dann bei einer möglichen Infektion für eine unmittelbar anlaufende Abwehr bereitstehen. Die durch Adjuvantien absichtlich herbeigeführten Entzündungsreaktionen werden bei der Katze als mögliche Auslöser von Fibrosarkomen diskutiert, zumal einige Forschergruppen Aluminium in Tumor-assoziierten Makrophagen nachweisen konnten. Allerdings treten Fibrosarkome auch nach der Gabe Aluminium-freier Impfstoffe und bei ungeimpften Katzen auf. Man geht jedoch davon aus, dass mit jeder Impfung in die gleiche Körperstelle das Risiko der Bildung eines Tumors deutlich ansteigt, was vermutlich mit der Potenzierung der Entzündungsreaktion zusammenhängt.

Da es mittlerweile Adjuvantien-freie Impfstoffe für die Katze gibt, sollte zur Minimierung der potenziellen Entzündungsreaktion nach Verabreichung der Impfung auf diese zurückgegriffen werden.

Wichtig zu wissen

Impfungen allgemein

Prinzipiell sollte nur gegen solche Erreger geimpft werden, mit denen Ihre Katze auch in Kontakt kommt oder möglicherweise kommen könnte. Die Basis für einen ausreichenden Impfschutz stellt die Grundimmunisierung dar. Als Grundimmunisierung bezeichnet man die Immunisierung eines Organismus durch eine oder mehrere Impfungen, die zu einer belastbaren Immunität führen. Der durch die Grundimmunisierung erreichte Immunschutz kann durch regelmäßige Auffrischungsimpfungen / Wiederholungsimpfungen erhalten bleiben. In der Regel findet die erste Impfung der Grundimmunisierung im Alter der 8. Lebenswoche statt, anschließend erfolgen die Impfungen in einem drei- bis vierwöchigen Abstand, bis die junge Katze die 16. Lebenswoche erreicht hat. Eine abschließende Impfung erfolgt dann nochmals nach einem Jahr. Katzen, die bereits bei der Erstvorstellung zur Impfung älter sind, bekommen die Impfungen in denselben Abständen. Ab der 16. Lebenswoche ist eine zweimalige Impfung im Abstand von 3 bis 4 Wochen, gefolgt von einer weiteren Impfung nach einem Jahr für eine erfolgreiche Grundimmunisierung ausreichend. Wiederholungsimpfungen sind dann alle Impfungen, die im Anschluss an die Grundimmunisierung erfolgen.

Wohnungskatzen

Benötigt eine ausreichend immunisierte Katze, die ausschließlich in der Wohnung bzw. im Haus gehalten wird, jährliche Wiederholungsimpfungen? Laut Packungsbeilagen der Impfstoffe sollten jährliche Impfungen für die meisten Kombinationspräparate erfolgen, für Einzelkomponenten, wie dem Panleukopenieimpfstoff, können auch andere Empfehlungen als Wiederholungsintervall gefunden werden.

Nicht jede Katze, die in der Wohnung lebt, kann als reine Wohnungskatze bezeichnet werden. Besprechen Sie mit Ihrem Tierarzt die Lebensumstände Ihrer Katze:

- Geht sie im Urlaub in eine Katzenpension?
- Falls ja, in Einzel- oder Gruppenhaltung?
- Nehmen Sie sie mit ins Ausland (Tollwutimpfung)?
- Hat sie Zugang zum Garten, in den auch andere, fremde Katzen kommen können?

Für Wohnungskatzen ohne Kontakt zu Artgenossen besteht eine geringe Infektionsgefahr mit den Erregern des Katzenschnupfens und dem Erreger der Katzenseuche. Dennoch ist eine Übertragung der Erkrankung nicht sicher auszuschließen.

Es sollten für Ihre Katze nur solche Impfstoffe verwendet werden, die sie auch tatsächlich vor potenziellen Infektionen schützen. Impfungen gegen folgende Erreger können bei Wohnungskatzen sinnvoll sein:

- Feline Herpesvirus-1
- Feline Calicivirus
- Feline Panleukopenievirus
- Chlamydophila felis
- Bordetella bronchiseptica
- Feline Coronavirus / *FIP-Impfung*

Das feline Herpesvirus-1 und das feline Calicivirus sind die zwei Haupterreger des Katzenschnupfens. Umgangssprachlich wird die Impfung gegen die drei erstgenannten Erreger als *Katzenschnupfen-Katzenseucheimpfung* bezeichnet. Nicht selten gibt es Katzenhalter, die auf weitere Impfungen bestehen, um ihre Katze optimal zu schützen. So werden häufig Wohnungskatzen gesehen, die zusätzlich zu den oben genannten Impfungen noch gegen das feline Leukämievirus geimpft sind, obwohl sie die Wohnung nicht verlassen und auch sonst keinen anderen Katzenkontakt haben.

Prinzipiell können über die Straßenschuhe Infektionen auf Ihre Katze übertragen werden. Schaut man sich jedoch die Übertragungswege der einzelnen Erkrankungen an, gegen die es Impfungen gibt, dürfte die Infektionswahrscheinlichkeit einer ausschließlich in der Wohnung gehaltenen Katze als äußerst gering einzuschätzen sein. Dennoch sollten auch Wohnungskatzen gegen bestimmte Erreger geschützt sein.

Feline Herpesvirus-1

Das feline Herpesvirus-1 wird auch als Rhinotracheitisvirus bezeichnet. Es wurde erstmalig 1958 in der Nase einer Katze gefunden und wird direkt über Körperflüssigkeiten übertragen. Die Ausscheidung des Virus erfolgt ein bis drei Wochen lang über Augen- und Nasenausfluss und Speichel. Bei über 80 % der infizierten Katzen entwickelt sich eine lebenslange, sogenannte latente Infektion, bei der das Virus zwar vorhanden ist, sich aber nicht vermehrt. Das Virus kann sich in bestimmte Nervenbahnen des Kopfes, in die Hornhaut des Auges, in die Tränendrüsen, die Mandeln und die Nasenmuscheln zurückziehen. Bei etwa der Hälfte der infizierten Katzen kommt es zu einer Reaktivierung der Virusausscheidung mit oder ohne Entstehung erkennbarer Symptome. Diese Ausscheidungsperioden können spontan auftreten, erfolgen aber meist nach Stresssituationen, wie beispielsweise bei einem Umzug in eine neue Umgebung, Trächtigkeit oder der Behandlung mit Kortisonen. Die Ausscheidung des Virus erfolgt vier bis elf Tage nach Einwirken solcher Faktoren.

Die typischen Symptome einer Herpesvirusinfektion sind Augenveränderungen. In wenigen Fällen wird eine schwere Hautentzündung, insbesondere im Kopf- und Gesichtsbereich, gesehen. Trächtige Katzen können durch das Virus eine Fehlgeburt erleiden. Alle gesunden Katzen sollten gegen das feline Herpesvirus-1 geimpft werden.

Wie sollte geimpft werden?

Die hier nachfolgend gemachten Angaben der Expertengremien bezüglich der Impfintervalle beziehen sich nicht auf die Inhalte der Packungsbeilagen der Impfstoffe, sondern stellen Empfehlungen auf der Grundlage aktueller wissenschaftlicher Erkenntnisse dar.

Bei der Impfung von Wohnungskatzen gegen das feline Herpesvirus-1 werden drei Injektionen im Alter von 8, 12 und 16 Wochen, sowie eine erste Wiederholungsimpfung nach einem Jahr empfohlen. Erwachsene Katzen mit unbekanntem oder ungewissem Impfstatus sollten ebenfalls zwei Injektionen im Abstand von 3 bis 4 Wochen erhalten. Bei Wohnungskatzen ist eine Auffrischung alle 2 bis 3 Jahre ausreichend. Während die Ständige Impfkommission Veterinär eine Wiederholungsimpfung für das feline Herpesvirus-1 alle 2 Jahre für ausreichend erachtet, sehen ABCD, AAFP und WSAVA ein 3-Jahres-Intervall für Wohnungskatzen als ausreichend an.

Aktuelle Impfempfehlungen:

www.tieraerzteverband.de/bpt/berufspolitik/Impfkommission/03-index.php
www.abcd-vets.org/Pages/factsheets.aspx
www.catvets.com/guidelines/practice-guidelines/feline-vaccination-guidelines
www.wsava.org/sites/default/files/VaccinationGuidelines2010.pdf

Feline Calicivirus

Das feline Calicivirus konnte erstmalig im Jahre 1957 gefunden und identifiziert werden. In der Umgebung ist es mit einer Überlebenszeit von bis zu zehn Tagen deutlich widerstandsfähiger als das feline Herpesvirus-1. Die Übertragung erfolgt über Augen- und Nasenausfluss sowie Speichel, es kann jedoch auch mit dem Kot und dem Urin ausgeschieden werden. Die Ausscheidungsdauer variiert von Katze zu Katze. Im Gegensatz zum Herpesvirus der Katze wird die Ausscheidung der Caliciviren nicht von Stressfaktoren beeinflusst. Das Virus fühlt sich besonders in den Mandeln und anderen Geweben im Nasen-Rachenraum wohl. Manche Katzen bleiben ihr ganzes Leben Virusträger, ohne erkennbare Krankheitsanzeichen zu entwickeln. Bei einigen erkrankten Katzen tritt nach einer gewissen Zeit eine Spontanheilung ein.

Die typischen Symptome einer akuten Calicivirus-Infektion sind Fieber, Niesen, Bindhautentzündung, sowie Augen- und Nasenausfluss. Großflächige, entzündliche und schmerzhafte Veränderungen auf der Zunge, dem harten und weichen Gaumen, den Lippen und um die Nasenöffnungen treten häufig auf. Da die einzelnen Calicivirusstämme unterschiedliche krankmachende Eigenschaften aufweisen, kann der Krankheitsverlauf nicht immer vorhergesagt werden. Lahmheiten, oft mit Fieber verbunden, kommen bei Katzenwelpen meist zwischen der sechsten und zwölften Lebenswoche vor.

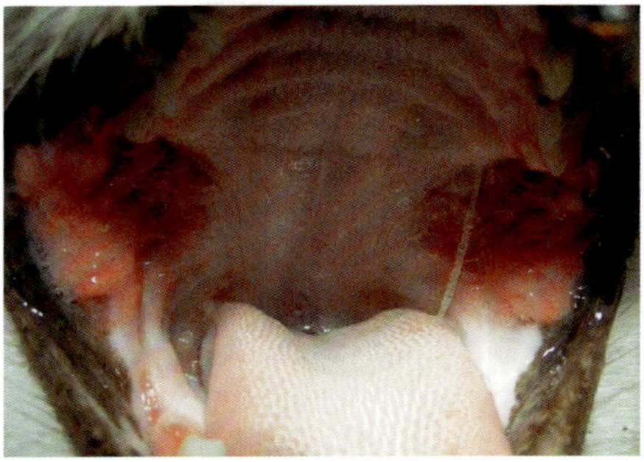

Blumenkohlartige Wucherungen im Rachenbereich als häufiges Symptom einer Calicivirusinfektion. Nicht selten wird dieser Befund zufällig im Rahmen einer Routineuntersuchung gestellt. Auch wenn betroffene Katzen meist unangenehm aus dem Mund riechen, müssen nicht zwangsläufig erkennbare Symptome vorliegen.

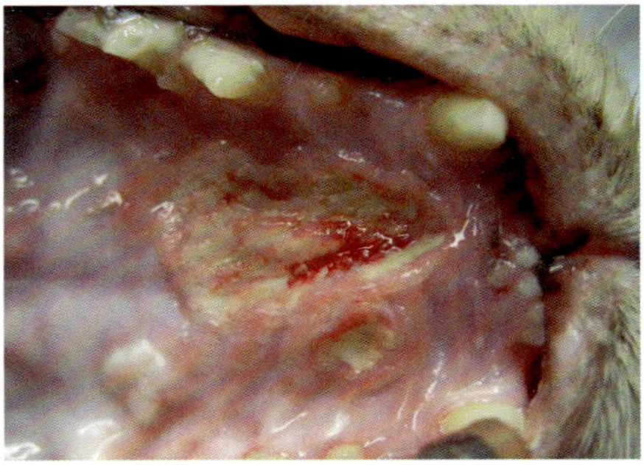

Der harte Gaumen im Oberkiefer einer 3-jährigen Katze, einzig auffälliges Symptom: unangenehmer Geruch und vermehrtes Schmatzen.

Eine besonders bedrohliche Verlaufsform der Calicivirusinfektion stellt die sogenannte *Virulent systemic feline calicivirus disease* dar. Zu Beginn kommt es dabei zu Läsionen auf der Zunge, im weiteren Verlauf zu Entzündungen an den Pfotenballen, Ödembildungen am Kopf und an den Gliedmaßen. Die meisten erkrankten Katzen sterben an dieser besonders schwerwiegenden Verlaufsform. Die in der tierärztlichen Praxis am häufigsten gefundenen Veränderungen durch das Virus sind stark gerötete, blumenkohlartige Wucherungen im Rachenbereich und am Zahnfleisch.

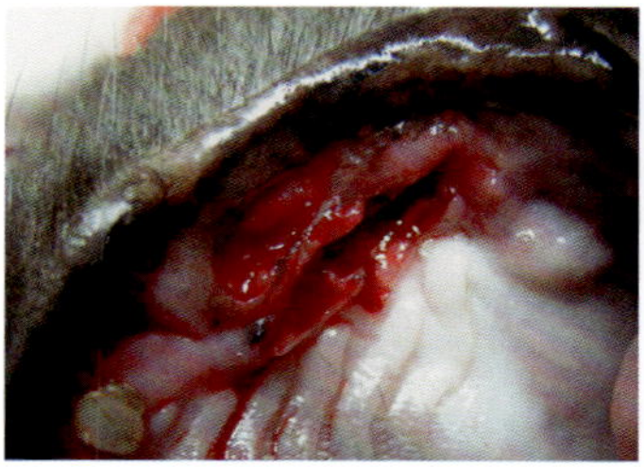

Zahnfleischentzündung und Parodontitis mit Verlust der Zähne durch Caliciviren.

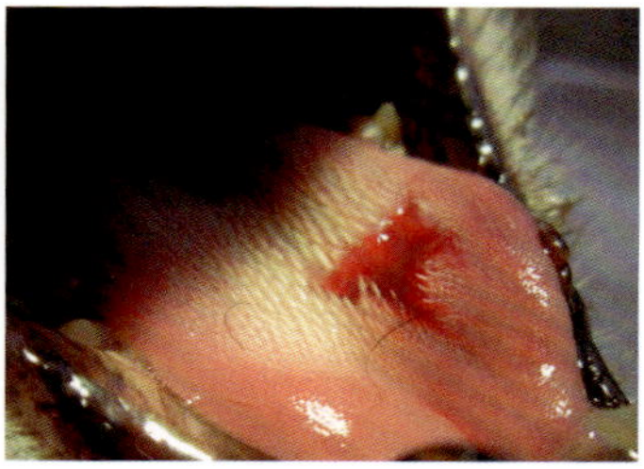

Nach überstandener Virulent systemic feline calicivirus disease: Zunge mit deutlicher und schwer abheilender Entzündung.

Wie sollte geimpft werden?

Die hier nachfolgend gemachten Angaben der Expertengremien bezüglich der Impfintervalle beziehen sich nicht auf die Inhalte der Packungsbeilagen der Impfstoffe, sondern stellen Empfehlungen auf der Grundlage aktueller wissenschaftlicher Erkenntnisse dar.

Wie auch bei der Impfung gegen das feline Herpesvirus-1, sollten bei der Impfung gegen das feline Calicivirus alle Katzen, egal, ob Wohnungskatze oder Freigänger, geimpft werden. FHV-1- und FCV-Impfungen werden in der Regel zusammen durchgeführt. Die Grundimmunisierung stellt die Grundlage für einen lang anhaltenden Impfschutz dar. Es sollte eine Impfung im Alter von 8, 12 und 16 Wochen erfolgen, sowie die Booster-Impfung nach einem Jahr. Bei Katzen, die erstmalig nach der 12. Lebenswoche vorgestellt werden, ist eine zweimalige Impfung im Abstand von 3 bis 4 Wochen und nochmals nach einem Jahr gegen FHV-1 und FCV ausreichend. Danach sind größere Impfintervalle von 2 bis 3 Jahren zu empfehlen. Während die Ständige Impfkommission Veterinär eine Wiederholungsimpfung gegen das Calicivirus bei Wohnungskatzen alle 2 Jahre für ausreichend erachtet, sehen ABCD, AAFP und WSAVA ein 3-Jahres-Intervall als ausreichend an.

Aktuelle Impfempfehlungen:

www.tieraerzteverband.de/bpt/berufspolitik/Impfkommission/03-index.php
www.abcd-vets.org/Pages/factsheets.aspx
www.catvets.com/guidelines/practice-guidelines/feline-vaccination-guidelines
www.wsava.org/sites/default/files/VaccinationGuidelines2010.pdf

Feline Parvovirus

Die umgangssprachlich als Katzenseuche bezeichnete feline Panleukopenie ist eine weltweit vorkommende, hoch ansteckende Erkrankung, die nicht nur bei unseren Hauskatzen vorkommt, sondern auch bei Tigern, Panthern, Leoparden und Kleinbären. Im Jahre 1928 konnte das verantwortliche Virus erkannt und bestimmt werden: ein Parvovirus. Es war die erste infektiöse Katzenkrankheit, bei der ein Virus als Ursache nachgewiesen werden konnte. Die Übertragung auf andere Katzen kann wegen der lang anhaltenden Überlebensfähigkeit des Parvovirus auf infizierten Gegenständen oder Körperteilen, wie Kleidern, Schuhen, Händen, Futterschalen, Transportboxen, auch indirekt ohne Kontakt von Katze zu Katze erfolgen. Während der Sommermonate sind auch Insekten oder Parasiten, insbesondere Flöhe, mögliche Überträger. Eine Übertragung durch Luftbewegungen ist ebenfalls möglich, vor allem bei infizierten Katzen mit zusätzlicher Atemwegsinfektion und daraus resultierendem Niesen.

Auch Hunde können unter ungünstigen Bedingungen eventuell von der Katze angesteckt werden. Bis zu 10 % der klinisch kranken Katzen stellen ein mögliches Infektionsrisiko für Hunde dar. Hunde sind jedoch unter natürlichen Bedingungen für das feline Parvovirus nicht empfänglich.

Die feline Panleukopenie wird meist durch direkten Kontakt von empfänglichen Tieren mit infizierten Katzen oder deren Ausscheidungen übertragen. Das Virus wird während der akuten Phase der Erkrankung in allen Körperflüssigkeiten und in hohen Konzentrationen im Kot ausgeschieden. Besonders anfällig für diese Erkrankung sind Katzen innerhalb ihres ersten Lebensjahres nach dem Abfall der maternalen Antikörper im Blut. Zu diesem Zeitpunkt haben sie keinen ausreichenden Schutz mehr gegen eine Infektion mit den felinen Parvoviren.

Charakteristisch für die feline Panleukopenie ist ein plötzliches Einsetzen der Krankheit. Typisch sind Veränderungen des weißen Blutbildes, Fieber, Nahrungsverweigerung, Apathie, Erbrechen, Durchfall und Austrocknung. Diese schwerwiegenden Symptome führen leider zu einer hohen Sterberate. Bei Katzen ohne Antikörperschutz, die während der Trächtigkeit infiziert werden, kann es zur Fehlgeburt von toten oder mumifizierten Föten kommen. Interessanterweise zeigt die betroffene Katzenmutter dabei in der Regel keinerlei Symptome der felinen Panleukopenie. Findet die Infektion bei bereits weit vorangeschrittener Trächtigkeit statt, kommt es zur Geburt der zunächst gesund erscheinenden Welpen. Ab der 2. oder 3. Lebenswoche können jedoch an den Kleinen bereits die ersten Symptome beobachtet werden. Sie laufen breitbeinig mit teils unkoordinierten

Die Idylle kann trügerisch sein: Hat sich die Mutter in der letzten Phase mit dem Parvovirus infiziert, können auch die Welpen infiziert sein und Symptome entwickeln.

Bewegungen, manche bewegen sich rollend fort oder stolpern vermehrt. Nicht alle Kätzchen eines Wurfes müssen zwangsläufig erkranken oder die gleichen Ausprägungen der neurologischen Ausfälle aufweisen. Katzen mit weniger ausgeprägten neurologischen Störungen können in der Lage sein diese zu kompensieren und nur leichte Koordinationsprobleme zurückbehalten. Nach dem Abklingen der Symptome erfolgt die Virusausscheidung mit dem Urin bis zu 3 Wochen und mit dem Kot bis zu 6 Wochen. Die Ausscheidung geringer Virusmengen bei einigen Katzen kann sogar noch bis zu einem Jahr und länger andauern.

Mütterliche Antikörper und Impfungen

Neugeborene und Katzenwelpen erhalten durch die mütterlichen (maternalen) Antikörper eine vorübergehende passive Immunität. Bei der Katze werden fast alle maternalen Antikörper über die Erstmilch in den beiden ersten Lebenstagen übertragen. Diese passive Immunität schützt das Katzenbaby zwischen einigen Tagen und einigen Wochen. Die Zeitspanne, in der der Katzenwelpe einen Schutz vor Infektionskrankheiten besitzt, hängt zum einen von der Menge der aufgenommenen Antikörper ab, zum anderen von der Halbwertzeit des jeweiligen Antikörpers, die für jede Infektionskrankheit unterschiedlich ist. Der Titer, also die Menge, der mütterlichen Antikörper nimmt innerhalb der ersten 2 Lebensmonate zusehends ab.

Der Zeitraum, in dem wenige maternale Antikörper im Blut der jungen Katzen zirkulieren und zeitgleich aufgrund der Erstimpfung körpereigene Antikörper gebildet werden, wird immunologische Lücke genannt. Das Infektionsrisiko ist dann besonders groß, weil die mütterlichen Antikörper keinen ausreichenden Schutz mehr bieten, und die körpereigenen Antikörper noch nicht in ausreichender Menge vorhanden sind.

Die Refraktärzeit entspricht der Zeitspanne, in der eine Impfung auf Grund der vorhandenen maternalen Antikörper nicht durchgeführt werden kann, obgleich der Titer keinen ausreichenden passiven Schutz mehr gewährt. Bereits kleine Mengen der mütterlichen Antikörper im Blut der jungen Katze können die Wirksamkeit der Impfung zunichtemachen. Bisher war man der Meinung, dass die mütterlichen Antikörper in einem Alter von 12 Wochen bei jungen Katzen im Blut nicht mehr nachweisbar sind.

Im Rahmen einer Studie wurden 64 Kätzchen aus 16 Würfen jeweils im Alter von 8, 12 und 16 Wochen mit drei marktüblichen Impfstoffen gegen Katzenseuche geimpft. Vor jeder der drei Impfungen und abschließend nach 20 Wochen wurden Blutproben entnommen und auf Antikörper gegen das feline Parvovirus untersucht. Trotz der dreifachen Impfung entwickelte etwa ein Drittel der Tiere keinen nachweisbaren Immunschutz. Bei den meisten jungen Katzen konnten maternale Antikörper nachgewiesen werden, was vermutlich der Grund dafür ist, dass nach den Impfungen kein ausreichender Immunschutz aufgebaut werden konnte. Diese Ergebnisse zeigen, dass mütterliche Antikörper die Ausbildung einer belastbaren Immunität nach der Impfung gegen die feline Panleukopenie weit über den bisher angenommenen Zeitraum hinaus negativ beeinflussen können.

Die Studie unterstreicht, dass der Erfolg der Impfung wesentlich von der Höhe der maternalen Antikörper abhängt. Die AAFP empfiehlt deswegen im Rahmen der Grundimmunisierung nochmals eine Impfung gegen das feline Parvovirus in der 20. Lebenswoche durchzuführen. Inwieweit dies ausreichend ist, um eine belastbare Immunität zu erreichen, ist noch nicht geklärt.

In einer Pressemitteilung vom 22. Mai 2012 des Paul-Ehrlich-Instituts heißt es, Zitat:

„Züchter und Besitzer von jungen Katzen sollten aufgrund der Studiendaten mit ihrem Tierarzt frühzeitig die passende Impfstrategie besprechen. Entscheidend für den besten Impfzeitpunkt sind die Lebensumstände, unter denen die Kätzchen groß werden sowie die Impfhistorie des Muttertieres. Deren Antikörpertiter gibt einen guten Hinweis auf den frühesten Impfzeitpunkt der Kätzchen. Je höher der Antikörpertiter der Mutter, desto später sollte der Nachwuchs erstmalig geimpft werden. Idealerweise erfolgt die erste Impfung erst, wenn keine MAK mehr nachweisbar oder zu erwarten sind. Allerdings sollten Kätzchen, bei denen die Lebensumstände die Wahrscheinlichkeit einer Infektion begünstigen (Freigängerkatzen, Mehrkatzenhaushalte, Tierheimkatzen) früher und häufiger geimpft werden als Tiere mit geringem Infektionsrisiko.

Bei Kätzchen, bei denen nicht bekannt ist, ob sie MAK besitzen oder nicht, z.B. bei Fundtieren, sollte eine erste Impfung unmittelbar erfolgen. Anhand einer doppelten Serumprobe kann der Erfolg dieser Impfung und somit die Notwendigkeit und der Zeitpunkt von Wiederholungsimpfungen festgestellt werden. In der Studie blieb bei vielen Kätzchen bereits bei einem MAK-Titer von 1:10 die Serokonversion aus. Da bei solchen Katzen trotz Impfung von einem fehlenden Schutz ausgegangen werden muss, müssen sie erneut geimpft werden. Die Ergebnisse der Studie zeigen, dass über die serologische Kontrolle des Impferfolgs die Tiere identifiziert werden können, die keine ausreichende Immunantwort aufgebaut haben. Dies würde dazu beitragen nur so viel zu impfen, wie notwendig ist.“

Antikörpertiterbestimmung versus Impfung

Die Bitte, vor einer Impfung den Antikörpertiter des Erregers im Blut zu bestimmen gegen den geimpft werden soll, wird von Katzenhaltern zusehends geäußert. Kann jedoch im Falle eines vorhandenen Antikörpertiters davon ausgegangen werden, dass die Katze gegen diesen Erreger auch vor einer Infektion geschützt ist, und deswegen auf eine Impfung verzichtet werden kann? Wäre dem so, könnten regelmäßig durchgeführte Blutuntersuchungen die in regelmäßigen Abständen durchgeführte Impfung ersetzen oder zumindest ergänzen und reduzieren helfen.

Bei der felinen Panleukopenie, auch Katzenseuche genannt, kann man davon ausgehen, dass ein positiver Antikörpertiter gegen das die Katzenseuche auslösende Parvovirus tatsächlich einen lang anhaltenden Schutz, vermutlich mehrere Jahre, gewährt.

Im Allgemeinen bedeutet jedoch ein vorhandener, also positiver, Antikörpertiter gegen einen bestimmten Erreger nicht zwangsläufig auch eine ausreichende Immunität. Im Vergleich zum Parvovirus sind Antikörper gegen das feline Herpesvirus-1 und das feline Calicivirus nicht zwangsläufig ein Indikator für einen ausreichenden Immunschutz gegen diese Erreger. Das Fehlen von Antikörpern, also ein negativer Titer, ist nicht zwingend ein

Hinweis auf die Infektanfälligkeit. Eine zuvor geimpfte Katze kann im Laufe der Zeit die aufgrund der Impfung gebildeten Antikörper wieder verlieren. Das immunologische Gedächtnis kann jedoch weiterhin bestehen bleiben, sodass eine schützende Reaktion des Immunsystems stattfinden kann. Bei einer Infektion mit dem felinen Herpesvirus-1 kann diese zellvermittelte Immunreaktion einen Infektionsschutz der Katze gewähren, selbst wenn keine Antikörper mehr vorhanden sind.

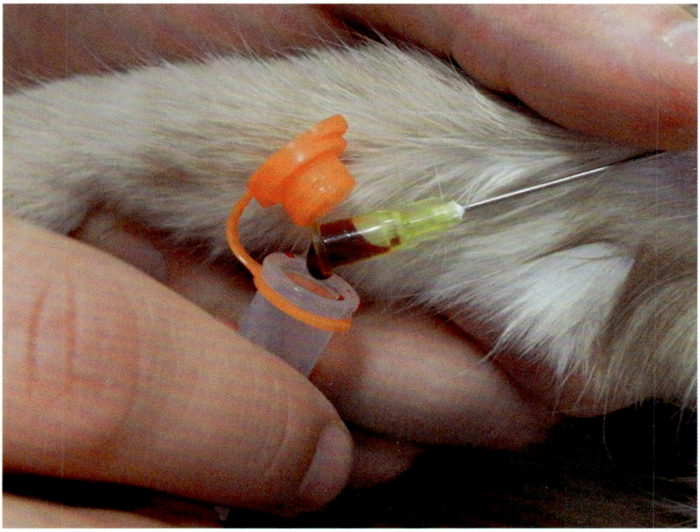

Wie sollte geimpft werden?

Die hier nachfolgend gemachten Angaben der Expertengremien bezüglich der Impfintervalle beziehen sich nicht auf die Inhalte der Packungsbeilagen der Impfstoffe, sondern stellen Empfehlungen auf der Grundlage aktueller wissenschaftlicher Erkenntnisse dar.

Alle Katzen, auch Wohnungskatzen, sollten geimpft werden. Es wird empfohlen, drei Injektionen im Alter von 8, 12 und 16 Wochen, ggf. auch nochmals in der 20. Lebenswoche, eine Wiederholungsimpfung nach einem Jahr, und dann im Abstand von jeweils 3 Jahren durchzuführen. Erwachsene Katzen mit unbekanntem Impfstatus sollten zwei Injektionen im Abstand von 3 bis 4 Wochen erhalten, gefolgt von einer Booster-Impfung nach einem Jahr. Im Anschluss daran sollten Wiederholungsimpfungen im Abstand von 3 Jahren erfolgen. Sowohl die AAFP, WSAVA, ABCD als auch die Ständige Impfkommission Veterinär sehen ein 3-Jahres-Impfintervall für die Wiederholungsimpfungen gegen das feline Parvovirus als ausreichend an.

Aktuelle Impfempfehlungen:

www.tieraerzteverband.de/bpt/berufspolitik/Impfkommission/03-index.php
www.abcd-vets.org/Pages/factsheets.aspx
www.catvets.com/guidelines/practice-guidelines/feline-vaccination-guidelines
www.wsava.org/sites/default/files/VaccinationGuidelines2010.pdf

Chlamydien

Chlamydophila felis ist ein intrazellulär lebendes, gramnegatives Bakterium. Es kann sich in der Umgebung nicht selbstständig vermehren oder überleben, sondern benötigt eine Wirtszelle, die es meist in den Augenbindehäuten findet. Im Jahr 1967 konnte erstmalig ein Zusammenhang zwischen Bindehautentzündungen und Chlamydien hergestellt werden. Chlamydophila felis ist ein möglicher Zoonoseerreger, was bedeutet, dass bei Kontakt zu Augenausfluss einer infizierten Katze der Erreger auch auf den Menschen übertragen werden kann. Einmal infiziert können klinische Symptome bei einigen Tieren über Wochen bestehen. Die natürliche Immunität gegen den Erreger scheint ungenügend und unvollständig zu sein, wodurch sich die Infektion in Katzenbeständen über Monate, eventuell sogar Jahre halten kann.

Während noch vor einigen Jahrzehnten Chlamydien häufig bei Lungenerkrankungen gefunden werden konnten, beschränkt sich die Ausbreitung derzeit fast ausschließlich auf die Bindehaut der Augen und die Schleimhäute der Nasenhöhle.

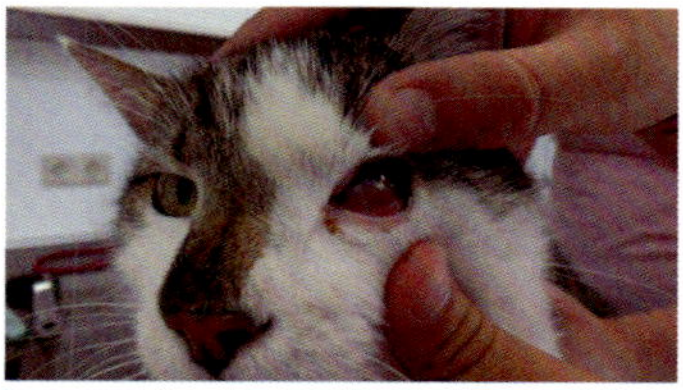

Die Bindehautentzündung ist das häufigste Symptom bei einer Infektion mit Chlamydien. Dabei können die Bindehäute im Ober- und Unterlid derart anschwellen, dass das Auge nicht mehr zu erkennen ist.

Wie sollte geimpft werden?

Die hier nachfolgend gemachten Angaben der Expertengremien bezüglich der Impfintervalle beziehen sich nicht auf die Inhalte der Packungsbeilagen der Impfstoffe, sondern stellen Empfehlungen auf der Grundlage aktueller wissenschaftlicher Erkenntnisse dar.

Die Impfung gegen Chlamydien sollte nur bei Katzen durchgeführt werden, die einem erhöhten Infektionsrisiko ausgesetzt sind, wie zum Beispiel in Tierheimen oder Zuchtbetrieben. Die Erstimpfung kann ab der 9. Lebenswoche durchgeführt werden, eine weitere vier Wochen später. Die Drittimpfung erfolgt nach einem Jahr. Zur Aufrechterhaltung der Immunität ist eine jährliche Boosterung nötig. Sowohl die AAFP, WSAVA, ABCD als auch die Ständige Impfkommission Veterinär empfehlen im Bedarfsfall jährliche Wiederholungsimpfungen gegen Chlamydien.

Aktuelle Impfempfehlungen:

www.tieraerzteverband.de/bpt/berufspolitik/Impfkommission/03-index.php
www.abcd-vets.org/Pages/factsheets.aspx
www.catvets.com/guidelines/practice-guidelines/feline-vaccination-guidelines
www.wsava.org/sites/default/files/VaccinationGuidelines2010.pdf

Bordetella bronchiseptica

Bordetella bronchiseptica ist ein mit seinen Flagellen eigenständig bewegbares Kokkenbakterium. Es wurde zum ersten Mal 1911 in einer Versuchskatzenkolonie, in der die Tiere Atemwegssymptome zeigten, isoliert. Bei Katzenschnupfen spielt er eine Rolle als Verursacher von Sekundärinfektionen. Aber auch als Primärerreger scheint er von Bedeutung zu sein. Bordetellen überleben in der Regel nicht außerhalb des Atemtraktes. Die Übertragung erfolgt durch direkten Kontakt oder über Aerosole. In der überwiegenden Zahl der erkrankten Katzen tritt nach etwa 10 bis 14 Tagen eine Spontanheilung ein.

B. bronchiseptica kann vor allem bei jungen Katzen eine in einigen Fällen tödlich verlaufende Bronchopneumonie verursachen und führt zu einem lang andauernden, asymptomatischen Trägerstatus. Faktoren wie Stress oder hohe Bestandsdichte können die B. bronchiseptica-Infektion begünstigen. Es wird vermutet, dass B. bronchiseptica von Hunden auf Katzen übertragbar ist.

Unter Umständen kann eine Impfung gegen Bordetellen nicht angebracht sein, da Katzen den Erreger nach der Impfung ausscheiden können.

Wie sollte geimpft werden?

Über die Wirksamkeit der Impfung gibt es keine genauen Aussagen. Sie kann vermutlich die Symptome einer Infektion vermindern, aber weder eine Infektion noch die Erkrankung verhindern. Katzen können den Bordetellen-Impfstamm bis zu einem Jahr nach der Impfung ausscheiden. Aufgrund der potenziellen Gefahr der Übertragung auf den Menschen sollten Katzen mit Kontakt zu immungeschwächten Menschen, wie zum Beispiel Säuglinge, Kleinkinder, Kranke und Alte, nicht geimpft werden. Die Impfung ist bei Katzen zu empfehlen, die viel Kontakt zu anderen Katzen, aber auch Hunden, haben. Katzen mit der Gefahr einer Infektion sollten ab der 8. Lebenswoche einmalig intranasal mit einer jährlicher Wiederholung geimpft werden. Die Packungsbeilage des in Deutschland zugelassenen intranasal zu verabreichenden Impstoffes ist zu befolgen.

Aktuelle Impfempfehlungen:

www.tieraerzteverband.de/bpt/berufspolitik/Impfkommission/03-index.php
www.abcd-vets.org/Pages/factsheets.aspx
www.catvets.com/guidelines/practice-guidelines/feline-vaccination-guidelines
www.wsava.org/sites/default/files/VaccinationGuidelines2010.pdf

Feline Coronavirus

Feline Coronaviren (FCoV) kommen weltweit vor. An der felinen infektiösen Peritonitis können Hauskatzen, aber auch Löwen, europäische Wildkatzen, Luchse und Geparden erkranken. Der Erreger wird größtenteils über infizierten Kot übertragen. Coronaviren können aber auch durch Personen, z. B. mit der Kleidung, verschleppt werden. Coronaviren sind sehr verbreitet in Katzenpopulationen. Bis zu 90 % der Katzen in Katzenzuchten weisen einen positiven Antikörpertiter auf, in Einzelkatzenhaushalten sind es dagegen 10 bis 50 % der Katzen. An der FIP erkranken jedoch nur 5 bis 10 % der seropositiven Katzen.

So wie der FIP-Test kein Test zum Nachweis einer FIP ist, so ist auch die FIP-Impfung keine Impfung zur Verhinderung der FIP. Es handelt sich bei der FIP-Impfung lediglich um einen möglichen Infektionsschutz gegen das feline Coronavirus. Bei dem Impfstoff handelt es sich um einen attenuierten, lebenden Coronavirus-Impfstoff. Eine Attenuation ist die gezielte Verminderung von krankmachenden Eigenschaften, ohne die Vermehrungsfähigkeit des zu impfenden Erregers deutlich zu beeinträchtigen. Der FIP-Impfstoff enthält in ihrer krankmachenden Eigenschaft herabgesetzte, vermehrungsfähige feline Coronaviren. Der Impfstoff wird nicht, wie bei anderen Impfstoffen üblich, unter die Haut injiziert, sondern mithilfe einer Pipette in die Nase geträufelt. Die

Ein mögliches Symptom bei der felinen infektiösen Peritonitis: angeschwollener Bauch. Diese 4 Monate alte Katze hatte ca. 1 Liter von einer gelben, fadenziehenden Flüssigkeit im Bauch. Diagnose: FIP.

erste Impfung sollte erst ab der 16. Lebenswoche erfolgen, die zweite Impfung ist drei Wochen nach der ersten Impfung zu wiederholen. Eine jährliche Auffrischungsimpfung wird vom Hersteller empfohlen. Es dürfen nur gesunde Katzen geimpft werde. Tragende Katzen sollten von der Impfung ausgeschlossen werden. Es sollten ausschließlich Katzen geimpft werden, die noch keinen Kontakt zum Coronavirus hatten, also einen negativen FCoV-Antikörpertiter aufweisen. Da ein Impfschutz bei Katzen, die bereits Kontakt zu Coronaviren hatten, nicht gegeben ist, brauchen FCoV-Antikörper-positive Katzen nicht geimpft werden. Bei FCoV-Antikörper-negativen Katzen kann das Auftreten einer FIP eventuell zu einem gewissen Prozentsatz reduziert werden.

Die Impfung schützt nicht bei einer bestehenden Coronavirusinfektion, deshalb ist in größeren Katzenkolonien mit einer bestehenden Coronavirusinfektion eine Impfung infrage zu stellen. Eine Indikation für eine Impfung ist gegeben, wenn seronegative Tiere oder solche mit einem niedrigen Titer in eine Coronavirus-positive Population kommen sollen. Eine Wirksamkeit der Impfung ist bei Katzen, die bereits Kontakt zu Coronaviren hatten, nicht gegeben. Es ist daher nicht sinnvoll, Katzen in einem Haushalt zu impfen, in dem das Virus endemisch vorkommt oder im dem kurz vorher ein Tier an einer FIP erkrankt war. Die Effektivität der Impfung ist als fraglich anzusehen.

Abgesehen von der fraglichen Wirksamkeit des Impfstoffes, kommt die Hälfte der Katzen in Deutschland aufgrund ihres positiven FCoV-Antikörpertiters für eine Impfung nicht infrage. Ein Großteil der anderen Hälfte der Katzen ist entweder jünger als 16 Wochen oder läuft keine Gefahr, sich mit dem FCoV zu infizieren.

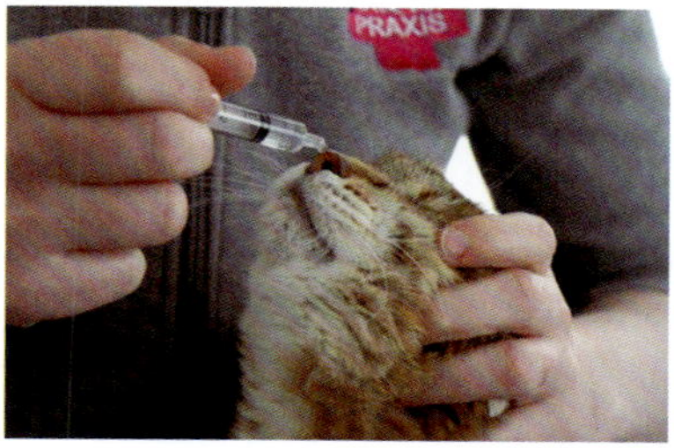

Er muss nicht gespritzt werden, sondern wird in die Nase geträufelt: der FIP-Impfstoff. Die Impfung sollte richtigerweise nicht als FIP-Impfung bezeichnet werden, sondern als Impfung gegen das feline Coronavirus.

Wie sollte geimpft werden?

Die hier nachfolgend gemachten Angaben der Expertengremien bezüglich der Impfintervalle beziehen sich nicht auf die Inhalte der Packungsbeilagen der Impfstoffe, sondern stellen Empfehlungen auf der Grundlage aktueller wissenschaftlicher Erkenntnisse dar.

Sowohl das ABCD als auch die Ständige Impfkommission Veterinär empfehlen die Impfung nur bei Coronavirusantikörper-negativen Katzen oder bei Katzen mit einem Titer niedriger als 1:100. Das Mindestimpfalter der Katzen liegt bei 16 Wochen. Die Tiere erhalten dann zwei Impfungen im Abstand von 3 Wochen. Die Wiederholungsimpfung sollte dann jährlich erfolgen.

Die AAFP sieht keinen Beweis für einen klinisch relevanten Schutz, deswegen wird die Anwendung der Impfung nicht empfohlen. Obwohl ein möglicher Schutz bei Antikörper-negativen Katzen erzielt werden könnte, empfiehlt die WSAVA die Impfung nicht, da nur sehr wenige Katzen tatsächlich Antikörper-negativ sind.

Aktuelle Impfempfehlungen:

www.tieraerzteverband.de/bpt/berufspolitik/Impfkommission/03-index.php
www.abcd-vets.org/Pages/factsheets.aspx
www.catvets.com/guidelines/practice-guidelines/feline-vaccination-guidelines
www.wsava.org/sites/default/files/VaccinationGuidelines2010.pdf

Häufige Fragen aus der Praxis

Impfungen für Wohnungskatzen überhaupt nötig?

Eine oder mehrere in der Wohnung gehaltene Katzen, die keinen Kontakt zu Artgenossen haben, werden sich nur selten mit einer katzenspezifischen Infektionskrankheit infizieren. Eine Übertragung mit dem felinen Parvovirus über die Schuhe ist theoretisch und prinzipiell möglich, jedoch eher unwahrscheinlich. Auch das feline Herpes- und Calicivirus können auf die in der Wohnung gehaltene Katze übertragen werden, wenn zuvor mit Körperflüssigkeiten einer infizierten Katze Kontakt bestand. Aber auch hierbei ist die Wahrscheinlichkeit als sehr gering anzusehen, hält man sich an die üblichen Hygienemaßnahmen. Dennoch besteht die Empfehlung, auch von anderen Katzen isolierte Wohnungskatzen zu impfen. Jede Katze wird in ihrem Leben vermutlich einmal krank und bedarf tierärztlicher Versorgung. Das Wartezimmer eines Tierarztes ist, genau wie der Wartebereich eines Hausarztes, nicht keimfrei und beherbergt neben den üblichen Umgebungskeimen auch all jene, die von den Patienten hereingebracht werden. Das beste Hygienemanagement und die sorgfältigsten Desinfektionsmaßnahmen sind hinfällig, wenn eine Katze ohne Termin mit Husten, Schnupfen und Durchfall, der im schlimmsten Fall auch noch aus der Transportkiste tropft, unangemeldet am Empfang der Tierarztpraxis steht.

Das Terminmanagement eines Tierarztes versucht Katzen mit infektiösen, leicht übertragbaren Erkrankungen von den übrigen Terminen fernzuhalten. Aber nicht zwangsläufig sind kranke und somit ansteckende Katzen unmittelbar als solche zu erkennen.

Im Rahmen der Infektionsprophylaxe vor dem felinen Parvovirus und anderen Erregern kann ein besonderes Impfmanagement von Wohnungskatzen in größeren Katzenhaushalten sinnvoll sein. Lesen Sie dazu bitte den entsprechenden Abschnitt über mütterliche Antikörper.

FIP-Impfung für Wohnungskatzen?

Unter sehr seltenen Bedingungen kann es ratsam sein, eine Katze in der Wohnung gegen das feline Coronavirus zu impfen. Ein Beispiel wäre, wenn Sie eine das Coronavirus ausscheidende Katze haben und zu dieser eine zweite Katze vergesellschaften möchten, die älter als 16 Wochen ist und bisher keinen Kontakt zu Coronaviren hatte. Jedoch sollte in diesem speziellen Fall gut überlegt werden, ob man eine gesunde Katze mit einer das Virus ausscheidenden zusammenbringt. Bei Tieren, bei denen bereits ein Kontakt zu Coronaviren bestand, ist die Impfung wirkungslos. Nach eigenen Erkenntnissen aus der täglichen Praxis benötigen 99,9 % der gegen FIP geimpften Katzen diese Impfung nicht.

Tollwutimpfung für Wohnungskatzen?

Nein, es sei denn, Sie verreisen mit Ihrer Katze ins Ausland. Im Reisefall sollten Sie mit Ihrem Tierarzt sprechen, sobald das Ziel der Reise feststeht.

Leukose-Impfung für Wohnungskatzen?

Nein, es sei denn, die Katze lebt mit einer auf Leukose positiv getesteten Katze zusammen und ist selber negativ getestet. Aber auch alleinlebende Wohnungskatzen können von einer Impfung zum Schutz vor dem felinen Leukämievirus profitieren, wenn sie mit Katzen zusammentreffen, deren Gesundheitszustand unbekannt ist. Achten Sie deshalb bei Katzenpensionsaufenthalten darauf, dass alle Katzen auf das feline Leukämievirus und das feline Immundefizienzvirus getestet sind.

Diese 9 Monate alte, gegen die *FIP* geimpfte Katze wurde im Alter von 4 Monaten mit einem Coronavirusausscheider zusammengebracht. Nach einiger Zeit magerte sie ab, bekam Fieber und einen dicken Bauch. Die Untersuchung des Bauchhöhlenpunktates ergab eine eindeutige Diagnose: FIP.

Wichtig zu wissen

Wohnungskatzen

Bei Wohnungskatzen sollte die erste Impfung der Grundimmunisierung idealerweise im Alter von 8 Wochen stattfinden, die nächsten Impfungen finden dann in einem Zeitraum von drei bis vier Wochen statt, bis die Katze die 16. Lebenswoche erreicht hat. Bei unbekanntem Impfstatus der Mutterkatze oder hohem Infektionsdruck kann die erste Impfung bereits in der 6. Lebenswoche sinnvoll sein, anschließend wie zuvor bereits beschrieben alle drei bis vier Wochen bis zur 16.Lebenswoche. Nach einem Jahr erfolgt eine weitere Impfung und markiert den Abschluss der Grundimmunisierung. Katzen, die bereits zum Zeitpunkt der Erstimpfung älter sind, bekommen ihre Impfungen in den gleichen Intervallen verabreicht, wie die jüngeren Katzen. Ab der 16. Lebenswoche ist eine zweimalige Impfung im Abstand von drei bis vier Wochen, gefolgt von einer weiteren Impfung nach einem Jahr für eine erfolgreiche Grundimmunisierung ausreichend. Im Anschluss daran sind längere Impfintervalle ausreichend, um die Katze optimal vor einer Infektion zu schützen. Jährliche Impfungen sind nach den Empfehlungen der Expertengremien nicht mehr nötig, auch wenn die Packungsbeilagen etwas anderes angeben können. Die Empfehlungen reichen von Intervallen von 2 Jahren für die Rhinotracheitis- und Calicivirus-Komponente und 3 Jahre für die Panleukopenie-Komponente, bis hin zu 3 Jahren für alle Komponenten nach erfolgter Grundimmunisierung.

Impfungen gegen Bordetella bronchiseptica und Chlamydophila felis sind nur unter bestimmten Voraussetzungen zu empfehlen, und nach erfolgter Grundimmunisierung jährlich zu wiederholen.

Freigängerkatzen

Katzen mit Freigang haben im Vergleich zu Wohnungskatzen regelmäßigen und unkontrollierbaren Kontakt zu anderen, Ihnen unbekannten Katzen. Solange diese Katzen regelmäßig zum Tierarzt gehen und ausreichend geimpft sind, besteht nur ein geringes Restrisiko einer Infektion. Da es jedoch in Deutschland eine Vielzahl sogenannter Streuner gibt, die noch nie einen Tierarzt gesehen oder eine Impfung erhalten haben, besteht beim Kontakt mit diesen Tieren eine potenzielle Infektionsgefahr für Ihre Katze.

Gegen die meisten Infektionserkrankungen kann Ihre Katze durch Impfungen geschützt werden. Gegen das feline Immundefizienzvirus (FIV), auch Katzenaids genannt, gibt es jedoch derzeit bei uns keine Impfung. Das Virus wird durch Bissverletzungen und Sexualkontakte übertragen.

Katzenschnupfen und Katzenseuche

Wie die ausschließlich in der Wohnung lebende Katze benötigt die Katze mit Freigang ebenso einen wirksamen Schutz gegen Katzenschnupfen und Katzenseuche. Bei Freigängern gelten die gleichen Impfempfehlungen im Rahmen der Grundimmunisierung wie bei der Wohnungskatze auch. Für die Wiederholungsimpfungen können je nach Herkunft der Empfehlung nicht nur kurze Intervallangaben von jährlich für die Rhinotracheitis- und Calicivirus-Komponente und drei Jahre für die Panleukopenie-Komponente gefunden werden, sondern bis zu drei Jahre für alle Komponenten nach abgeschlossener Grundimmunisierung. Zusätzlich werden weitere Impfungen empfohlen.

Möchte man sich nicht ausschließlich auf die Angaben in der Packungsbeilage oder die Empfehlung seines Tierarztes verlassen, kann man selber auf die Suche nach wissenschaftlich begründeten Impfempfehlungen gehen. Diese können jedoch deutlich voneinander abweichen.

Feline Leukämievirus

Seit dem Jahr 1964 weiß man vom felinen Leukämievirus (FeLV). Es zählt weltweit zu den meist verbreiteten tödlichen Krankheitserregern. Die Übertragung von Katze zu Katze erfolgt über Speichel, Nasensekret, Tränenflüssigkeit, Harn, Kot und Milch. Das Virus kann in der Umwelt nicht lange überleben, deswegen spielt die Übertragung über Urin und Kot keine große Rolle. Auch im angetrockneten Speichel wird das Virus innerhalb von drei Stunden inaktiviert. Der Speichel einer infizierten Katze gilt als Hauptübertragungsweg einer FeLV-Infektion, da das Virus dort in sehr großen Mengen, bis zu eine Million Viruspartikel pro Milliliter Speichel, ausgeschieden wird.

Hauptübertragungsweg des felinen Leukämievirus ist der Speichel. Nicht nur beim Kämpfen, sondern auch bei der gemeinsamen Körperpflege, kann das Virus von einer infizierten Katze auf eine gesunde übertragen werden.

Welpen einer FeLV-infizierten Katze können bereits in der Gebärmutter mit dem Virus infiziert werden. Aber auch während der Geburt und beim Säugen werden die Welpen mit dem Virus konfrontiert. Nicht jeder Kontakt mit dem Virus führt unweigerlich zu einer Erkrankung, der Immunstatus einer Katze ist entscheidend für den Verlauf der Infektion. Ebenso spielt das Alter, die Infektionsdosis und die Virulenz, also die Infektionskraft, des Virus eine entscheidende Rolle. Die Erkrankungen, die eine FeLV-Infektion hervorruft, werden in tumoröse und nicht-tumoröse Krankheiten unterteilt. In einer Untersuchung aus dem Jahre 2007 waren 54 % der FeLV-positiven Katzen an malignen Lymphomen oder lymphatischer Leukämie erkrankt.

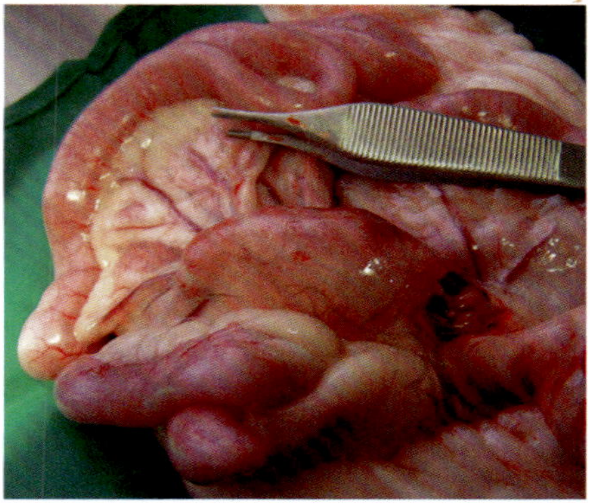

Lymphom im Bauch einer 4-jährigen , FeLV-positiven Katze. Die Katze wurde als Welpe von einem Bauernhof geholt und lebte anschließend ausschließlich in der Wohnung.

Die Erkrankung kann aber eine ganze Reihe unterschiedlicher Krankheiten und Symptome auslösen, was es zunächst schwierig macht, die Symptome auf das feline Leukämievirus zurückzuführen. Nicht jede Katze, die mit dem Virus in Kontakt kommt, wird auch daran erkranken.

Vor der Impfung ist ein FeLV-Test mittels Blutentnahme zu empfehlen. So kann eine infizierte Katze erkannt und Maßnahmen zum Schutz anderer Katzen besprochen werden. Keinen Test vor einer Impfung brauchen solche Katzen, deren Eltern beide negativ getestet wurden und selbst keinen Kontakt zu möglichen Infektionsträgern hatten. Wie verwirrend nicht nur für den Katzenhalter, sondern auch für den Tierarzt, die Auswahl des richtigen Impfstoffes ist, kann am Beispiel der Impfung gegen das feline Leukämievirus gezeigt werden:

- Es gibt Einzelimpfstoffe mit inaktiviertem, felinen Leukämievirusantigen, die Adjuvantien enthalten und deren Wiederholungsimpfungen laut Packungsbeilage jährlich durchzuführen sind.
- Es gibt aber auch Kombinationsprodukte mit Adjuvantien gegen Panleukopenie, Katzenschnupfen, Chlamydien und die infektiöse Leukämie der Katze, die ebenfalls, laut Packungsbeilage, jährlich zu wiederholen sind.

- Eine andere Kombinationsimpfung mit Adjuvantien gegen das Calicivirus, Herpesvirus und Parvovirus sowie das feline Leukämievirus ist ebenfalls nach erfolgter Grundimmunisierung laut Packungsbeilage jährlich zu wiederholen.
- Es ist jedoch auch ein Kombinationsimpfstoff ohne Adjuvantien gegen das feline Herpesvirus, Calicivirus, Panleukopenie- und Leukämievirus erhältlich. Die Dauer der Immunität gegen das felines Herpesvirus, Calicivirus und feline Leukämievirus beträgt 1 Jahr, gegen die Panleukopenie 3 Jahre nach der letzten Wiederholungsimpfung, laut Packungsbeilage.
- Ebenfalls ist ein Einzelimpfstoff mit Adjuvans gegen das feline Leukämievirus mit 3 Jahres Wiederholungsimpfintervall, laut Packungsbeilage, nach abgeschlossener Grundimmunisierung vorhanden.
- Ein weiterer Einzelimpfstoff gegen das feline Leukämievirus ist ohne Adjuvans erhältlich. Er sollte aber, laut Packungsbeilage, jährlich verabreicht werden. Der Impfstoff ist auf Basis eines Kanarienpockenvirus und wird derzeit von der Medizinischen Kleintierklinik der Ludwig-Maximilians-Universität in München empfohlen.

Wie sollte geimpft werden?

Die hier nachfolgend gemachten Angaben der Expertengremien bezüglich der Impfintervalle beziehen sich nicht auf die Inhalte der Packungsbeilagen der Impfstoffe, sondern stellen Empfehlungen auf der Grundlage aktueller wissenschaftlicher Erkenntnisse dar.

Der wirksame Schutz gegen das feline Leukämievirus beginnt mit der Grundimmunisierung, idealerweise in der 16. und 20. Lebenswoche und nochmals nach einem Jahr. Die Ständige Impfkommission Veterinär empfiehlt zwei Injektionen im Abstand von 3 bis 4 Wochen ab einem Mindestimpfalter von 8 Wochen durchzuführen mit anschließenden jährlichen Wiederholungsimpfungen. Ab einem Alter von 3 bis 4 Jahren können längere Impfintervalle von 2 bis 3 Jahren angestrebt werden. Bei alten Tieren sollte über die Notwendigkeit einer Impfung individuell entschieden werden, eine Empfehlung sieht sogar die Impfung nur bis zum 7. Lebensjahr vor. Die Empfehlung des ABCD ist ähnlich der der Ständigen Impfkommission Veterinär, mit der Ausnahme, dass keine Angaben zur Impfung von alten Tieren gemacht werden. Die AAFP empfiehlt, Katzen mit einem hohen Ansteckungsrisiko nach abgeschlossener Grundimmunisierung jährlich zu impfen. Ein hohes Ansteckungsrisiko haben solche Katzen, die sich die meiste Zeit des Tages auf Freigang befinden, die Kontakt zu infizierten Katzen haben, und die in Mehrkatzenhaushalten leben, in denen der Gesundheitsstatus der Katzen nicht bekannt ist. Dagegen sollten Katzen mit einem geringen Ansteckungsrisiko nur alle 2 Jahre eine Wiederholungsimpfung erhalten. Die WSAVA empfiehlt Impfintervalle von 3 Jahren nach abgeschlossener Grundimmunisierung für solche Katzen, die keinem erhöhten Infektionsrisiko ausgesetzt sind.

Tollwut

Der notwendige und sinnvolle Schutz unserer Katzen vor der Tollwut wird mehr und mehr von Katzenhaltern infrage gestellt. Der Kontakt unserer Katzen zu tollwutinfizierten Tieren kann eigentlich nur noch über infizierte Hunde und Katze erfolgen, die entgegen eindeutiger Einfuhrbestimmungen nach Deutschland eingeführt werden. In der Vergangenheit ist dies in Einzelfällen geschehen. Konsequenterweise müsste die Empfehlung hinsichtlich der Tollwutimpfung bei unseren Katzen lauten, dass eine flächendeckende Impfung nicht mehr angemessen erscheint, und sich nur auf solche Tiere beschränken sollte, die innerhalb der EU reisen. Die Impfung gegen die Tollwut ist dennoch für Katzen mit Freigang zu empfehlen, da diese nach der aktuellen Tollwutverordnung gegenüber den ungeimpften Katzen einen deutlichen Nachteil haben: Sollte es tatsächlich zu einem Kontakt Ihrer Katze mit einem an Tollwut erkrankten Tier kommen, kann unter bestimmten Umständen von einer Tötung Ihrer geimpften Katze abgesehen werden, ungeimpfte Katzen werden dagegen getötet.

Auch wenn Deutschland seit dem Jahre 2008 nach den Kriterien der Weltorganisation für Tiergesundheit frei von terrestrischer Tollwut ist, so wäre es falsch, sich in Sicherheit zu wiegen und auf die Impfung zu verzichten. Es ist möglich, dass mit dem Tollwutvirus infizierte Hunde und Katzen aus Ländern, in denen die für

In vielen Urlaubsländern, wie der Türkei, Bulgarien, Serbien, Nordafrika, Marokko oder Thailand ist die anzeigepflichtige und tödlich verlaufende Tierseuche Tollwut noch immer verbreitet. Während noch vor einigen Jahren bei uns der Fuchs als Hauptüberträger galt, sind es jetzt illegal eingeführte Hunde und Katzen.

Menschen und Tiere lebensgefährliche Infektionskrankheit nicht ausgerottet ist, in europäische Mitgliedsstaaten eingeführt werden. Im Jahre 2013 sind vier derartiger Tollwutfälle bekannt geworden:

- Juli 2013, Deutschland: Hund aus Marokko
- Oktober 2013, Niederlanden: zwei Hunde aus Bulgarien
- November 2013, Frankreich: Katze aus Marokko

Wie sollte geimpft werden?

Die Erstimpfung gegen die Tollwut sollte bei Freigängern ab dem 3. Lebensmonat erfolgen, was in den Einreisebestimmungen und der Tollwut-Verordnung angegeben ist. Die von der Ständigen Impfkommission Veterinär empfohlene zweite Tollwutimpfung in der 16. Lebenswoche geht über die gesetzliche Anforderung hinaus, ist aber aus immunologischen Aspekten sinnvoll.

Den Abschluss der Grundimmunisierung stellt eine zweite Impfung nach einem Jahr dar. In Deutschland gelten aktuell die in den Packungsbeilagen genannten Wiederholungsimpftermine, die je nach Hersteller eine Zulassung von einem bis zu mehreren Jahren haben.

Gesetzliche Grundlagen:

Verordnung zum Schutz gegen die Tollwut
Reise-/Einreisebestimmungen der jeweiligen Länder

Wichtig zu wissen

Der Tierarzt kann bei der Wahl des Impfschemas auf unterschiedliche Informationsquellen zurückgreifen, um seiner Sorgfaltspflicht gerecht zu werden. Oberste Priorität bei der Entscheidung für oder gegen eine Impfung haben die Gesundheit und der Schutz der Katze. Leitlinien, Richtlinien und Empfehlungen sollten bei der Entscheidungsfindung herangezogen werden, spiegeln sie doch die aktuellen Expertenmeinungen wider. Inwieweit der Tierarzt die in den Packungsbeilagen der Impfstoffe angegebenen Informationen dabei außer Acht lassen sollte ist fraglich, und im Einzelfall von jedem Tierarzt abzuwägen. Wer die Empfehlungen der Fachgremien übernimmt, handelt meist entgegen den Anweisungen der Packungsbeilage. Vor dem Hintergrund, dass beispielsweise die Leitlinie zur Impfung von Kleintieren von Mitgliedern der Ständigen Impfkommission Veterinär wissenschaftlich ausgearbeitet wurde, sollte man dieser auch Vertrauen schenken dürfen, und sein eigenes Impfverhalten danach ausrichten. Impfempfehlungen von anderer Stelle, wie die des Advisory Board on Cat Diseases, der American Association of Feline Practitioners, der World Small Animal Veterinary Association oder einer deutschen Universität, sind nicht minder zuverlässig. Weniger Impfungen bei gleichem Impfschutz reduzieren das Risiko von Impfreaktionen, Impfkomplikationen und hoffentlich auch das Risiko der Fibrosarkomentstehung. Besprechen Sie mit Ihrem Tierarzt, inwieweit die Anwendung von Leitlinien, Empfehlungen oder Richtlinien bei der Impfung Ihrer Katze sinnvoll erscheint.

Impfbeispiel

Anhand der Empfehlungen der Ständigen Impfkommission Veterinär, des ABCD, der AAFP und der WSAVA kann ein Impfschema erstellt werden, welches deutlich von dem Schema der jährlichen Impfung abweicht, unabhängig davon, ob die Katze in der Wohnung lebt oder Freigang hat. Wichtig ist die ausreichende Grundimmunisierung! Die Ausnahmen stellen die Impfungen gegen Chlamydien, Bordetellen und Coronaviren dar, die, falls überhaupt notwendig jährlich empfohlen werden. Das Impfschema stellt kein fixes Gebilde dar, sondern lässt sich weiter modifizieren, ohne dabei die Grenzen der Empfehlungen, Leitlinien oder Richtlinien zu überschreiten.

Nur selten sind jährliche Wiederholungsimpfungen nötig, schon gar nicht bei Wohnungskatzen. Auch bei Katzen mit Freigang bedeuten viele und häufige Impfungen nicht zwangsläufig einen besonders guten Infektionsschutz. Der Impfpass zeigt eine Möglichkeit der Impfung gegen Katzenschnupfen und Katzenseuche bei einer alleine lebenden Wohnungskatze, die erstmals in der 8. Lebenswoche noch beim Züchter geimpft wurde.

Injektionen

Tabletten, Kapseln, Pulver oder Flüssigkeiten: Wie bekommt man das alles im Bedarfsfall nur in die Katze? Eine Spritze ist meist deutlich einfacher zu verabreichen und stellt nicht nur die häufigste Anwendung bei der Katze dar, sondern auch oft die einzige Möglichkeit, eine medikamentöse Therapie durchzuführen. Während den meisten Katzenhaltern das Risiko hinsichtlich der Entstehung von Tumoren und Nebenwirkungen bei Impfungen bewusst ist, stellt die subkutane Injektion diesbezüglich einen stark untergeordneten Diskussionspunkt dar. Zu Unrecht.

„Das esse ich nicht." Injektionen sind oft die einzige Möglichkeit, schnell und sicher Medikamente zu verabreichen. Auch wenn sich die Pharmaindustrie immer neue Geschmacksrichtungen für orale Präparate überlegt: Viele Katzen lehnen diese ab.

Nach der Spritze

Vielleicht haben Sie es auch schon einmal an Ihrer eigenen Katze erlebt: Nach einer Injektion, sei es nun ein Medikament oder eine Impfung gewesen, kam es an der Injektionsstelle nach einigen Tagen bis mehreren Wochen zu einer mehr oder weniger schmerzhaften Hautveränderung. Die Injektion unter die Haut, auch als subkutane Injektion bezeichnet, birgt zwei Risikofaktoren im Bereich der Einstichstelle:

- Entstehung einer Entzündung
- Entstehung eines Tumors

Weitaus häufiger als ein Tumor entsteht eine unter der Haut gelegene Entzündungsreaktion. Die Ursache dafür kann eine Reaktion auf die injizierte Substanz sein, aber auch eine bakterielle Infektion ist möglich. Fast immer heilt eine so entstandene Entzündung komplikationslos und ohne weiteres Zutun des Tierarztes ab. Diese Entzündung kann aber im ungünstigsten Fall die Entstehung eines Fibrosarkoms begünstigen.

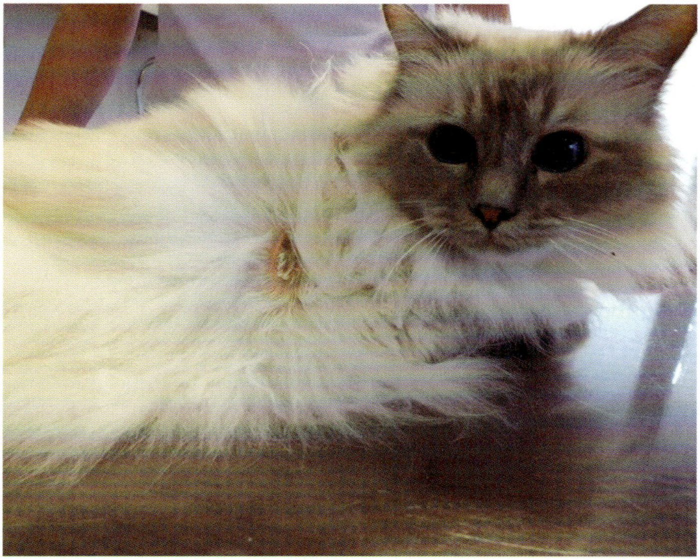

Eine Injektion gegen Bandwürmer führte zu einer Entzündung mit Ablösung der Haut seitlich des rechten Brustkorbes. Die Katze zeigte keinerlei Auffälligkeiten, lediglich beim Streicheln fiel dem Katzenhalter eine Verkrustung auf.

Eine Entzündungsreaktion nach der Injektion eines Präparates ist ein bei der Katze nicht selten gesehenes Phänomen, aber auch nicht derart häufig, dass man von notwendigen Injektionen Abstand nehmen sollte. Dennoch sollten zur Risikominimierung einige Kriterien berücksichtigt werden.

Injektionsstellen auswählen und beobachten

Prinzipiell kann jede subkutane Injektion an jede beliebige Stelle des Katzenkörpers verabreicht werden. Am bequemsten ist der Nackenbereich, der bei der vor einem sitzenden Katze gut zu erreichen ist.

Der Nackenbereich, der anatomisch zwischen den Schulterblättern und unterem Ende des Halses zu finden ist, bietet jedoch leider ungünstige Bedingungen, wenn es darum geht, Entzündungen, Infektionen oder auch Tumore zu entfernen. Da diese in der Regel großflächig entfernt werden müssen, kommt es im Nackenbereich aus anatomischen Gründen zu Problemen, da sowohl die Schulterblätter als auch die Wirbelsäule das Operationsfeld eng begrenzen.

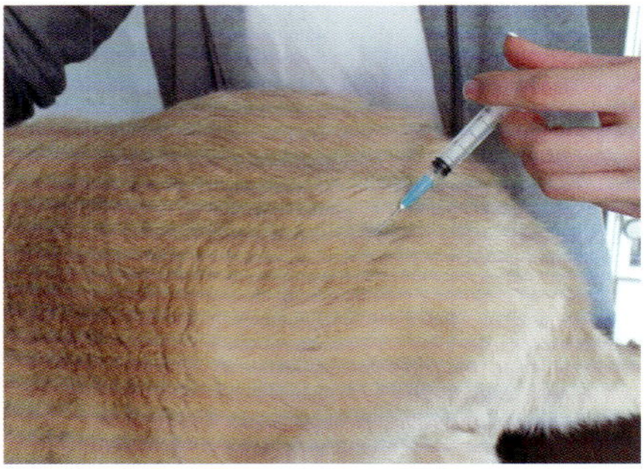

Prinzipiell ist die Auswahl der Injektionsstelle hinsichtlich der Wahrscheinlichkeit des Auftretens einer Unterhautinfektion oder eines Fibrosarkoms unbedeutend, die Erfolgsaussichten einer möglichen Therapie jedoch nicht.

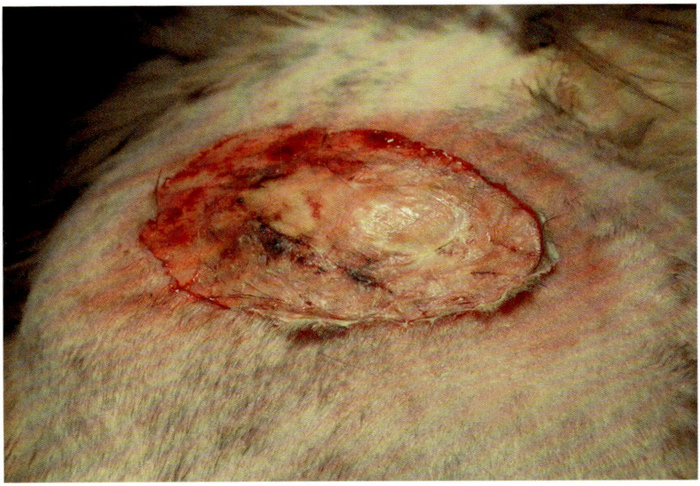

Der Oberschenkel einer Katze 13 Tage nach der subkutanen Injektion eines Antibiotikums. Die Injektion wurde lege artis verabreicht, auch handelte es sich bei dem Präparat nicht um ein Risikoprodukt. Bereits zwei Tage nach der Injektion fiel dem Katzenhalter eine Walnuss große Schwellung am Injektionsbereich auf. Erst als die Katze mehr und mehr an dieser Stelle leckte wurde der Tierarzt aufgesucht. Nach der Injektion kam es zu einer schwerwiegenden Unterhautinfektion, die dazu führte, dass nicht nur die Haut, sondern auch das darunterliegende Bindewebe mitsamt der Muskulatur starke Auflösungserscheinungen zeigte. Die Katze hat sich gut erholt.

Im Bereich des Oberschenkels oder auch der seitlichen Bauchwand können veränderte Gewebe deutlich besser entfernt werden, als im Bereich des knöchernen Brustkorbes, der Schulterblätter oder der Wirbelsäule. Vor dem Hintergrund, dass jede Art der Injektion bei der Katze in sehr wenigen Fällen zu Problemen führen kann, sollten keine Injektionen in die zuvor genannten Körperbereiche verabreicht werden.

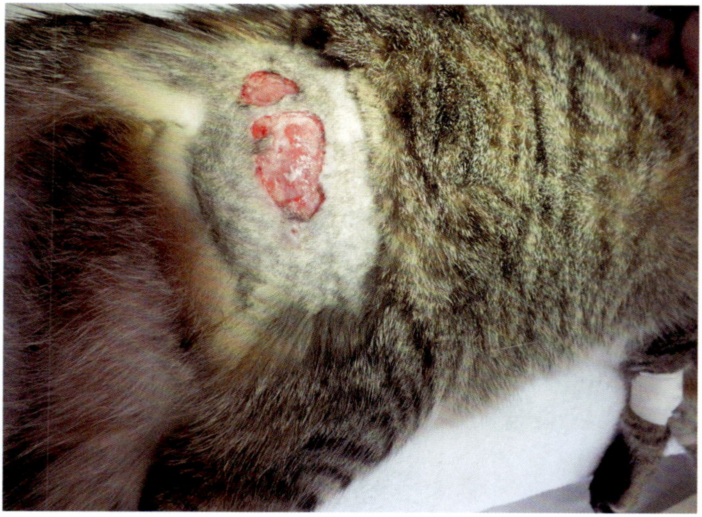

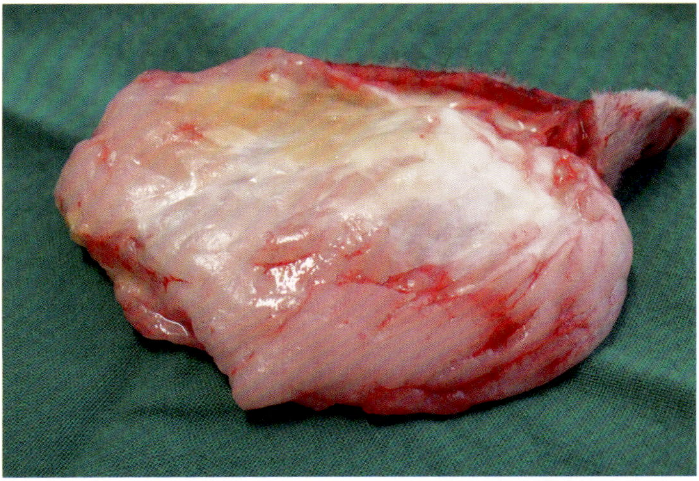

Eine 7 x 4 cm große Nekrose (abgestorbenes Gewebe) der Haut, Unterhaut, Fettgewebe und Muskulatur des Oberschenkels. Diese Injektionskomplikation wäre im Bereich der Schulter oder des Brustkorbes nur sehr schwer entfernbar. Der Auslöser war vermutlich ein Kortisonpräparat, welches innerhalb weniger Tage mehrmals in die gleiche Stelle injiziert wurde. Die Katze hat sich gut erholt.

Impfungen im Verdacht

Nach Einführung der Tollwutimpfung bei Katzen fiel auf, dass die geimpften Katzen vermehrt dem Tierarzt mit Fibrosarkomen vorgestellt wurden. Diese traten vor allem an Stellen auf, die für die Injektionen verwendet wurden, nämlich zwischen den Schulterblättern. Es entstand der Verdacht, dass diese Impfung die auslösende Ursache des Tumorwachstums sein könnte. Im Jahre 2007 wurde eine Studie über die histopathologischen Veränderungen in der Unterhaut von 14-16 Wochen alten Katzen nach Verabreichung von Mehrfachimpfstoffen veröffentlicht. Die Ergebnisse zeigen deutlich, dass Adjuvantien zu schwerwiegenden Entzündungsreaktionen führen. Aber auch Adjuvantien-freie Impfstoffe führten zu Entzündungsreaktionen, wenn auch in deutlich geringerer Ausprägung. Mittlerweile gibt es eine Vielzahl von Impfstoffen ohne beigefügte Adjuvantien. Andere histopathologische Studien zeigen den Übergang von granulomatösen Entzündungen zu Sarkomen, was bedeutet, dass sich Tumore aus Entzündungen heraus entwickeln können.

Im Rahmen einer Doktorarbeit der LMU München von 2009 mit einer rückschauenden Überprüfung der Patienten der Medizinischen Kleintierklinik aus den Jahren 1999 bis 2007 wurde festgestellt, dass ein großer Teil der Katzen mit Fibrosarkom ausschließlich gegen Katzenseuche und Katzenschnupfen geimpft wurde.

Abschließend kam man zu der Einschätzung, dass das Risiko dieser Impfung nicht zu vernachlässigen ist, und nicht nur Tollwut- und Leukoseimpfungen in den Fokus gerückt werden sollten. Zur Vorbeugung des Fibrosarkoms wurde angeführt, Zitat:

„Die Beachtung und weitere Einschränkung der jährlichen Impfschemata kann ein entscheidender Beitrag zur Fibrosarkom-Prophylaxe sein."

Ebenfalls kamen die Mitarbeiter dieser Studie zu dem Ergebnis, dass das Körpergewicht der Katzen mit Fibrosarkom höher war, als das der Kontrollgruppe, Zitat:

„Da für verschiedene Tumoren sowohl in der Humanmedizin als auch in der Veterinärmedizin ein höheres Risiko für Patienten mit Übergewicht besteht, sollte dieser Vermutung weiter nachgegangen werden."

Vielleicht eine ungünstige Kombination:
Übergewicht und Injektionen.

Medikamente im Verdacht

Histopathologische Untersuchungen der Unterhaut nach der Verabreichung anderer Präparate, wie beispielsweise Antibiotika oder Kortison, stehen noch aus. Aber auch wenn bei diesen Präparaten nur eine geringe Entzündungsreaktion nachweisbar wäre, könnte die Injektion an immer der gleichen Körperstelle zur Potenzierung der Entzündung und somit ebenfalls zur Tumorentstehung führen. Es bestehen keine ausreichenden Untersuchungen hinsichtlich der Tumorentstehung bei Verwendung verschiedener Medikamente. Im Jahre 2000 wurde von einer Fibrosarkombildung bei einer 13-jährigen Katze berichtet. Dieses Fibrosarkom entwickelte sich 2 Monate nach der Gabe eines Antibiotikums in Kombination mit einem Entzündungshemmer, die in einer Mischspritze zwischen den Schultern verabreicht wurden. Der Katze waren ein und drei Monate vor dieser Kombinationsinjektion verschiedene Medikamente subkutan zwischen die Schulterblätter verabreicht worden. Hierzu zählten Ringer-Lösung, langwirksames Benzylpenizillin und Dexamethason, sowie langwirksames Benzylpenizillin und Metoclopramid jeweils in Einzelinjektionen. Die letzte Impfung wurde 6 Jahre zuvor verabreicht. So hatte die Katze im Zeitraum von 5 Monaten vor Auftreten des Fibrosarkoms in derselben Körperregion 6 Injektionen erhalten. Der Autor dieses Berichts führt an, dass das Mischen der Präparate zur Entstehung des Tumors beigetragen haben könnte.

Andere Autoren führen Beispiele an, in denen auch an Injektionsstellen ohne Verwendung von Mischinjektionen Fibrosarkome entstanden sind. Die Fallberichte reichen von injizierten Depotpräparaten über verabreichte Ektoparasitika bis hin zu Nahtmaterialien als auslösende Ursache.

Es ist davon auszugehen, dass jede Art der granulomatösen Entzündung durch eine übersteigerte Immunreaktion zur Entartung bestimmter Zellen führt, und damit die Bildung von Fibrosarkomen begünstigt. Wird im Anschluss an eine Injektion eine überschießende Entzündung oder eine granulomatöse Reaktion beobachtet, kann dies als Veranlagung für eine Zellentartung an dieser Stelle gewertet werden. So entstand der Name *injektionsassoziiertes Fibrosarkom* für Fibrosarkome, die an Stellen auftreten, an denen üblicherweise injiziert wird.

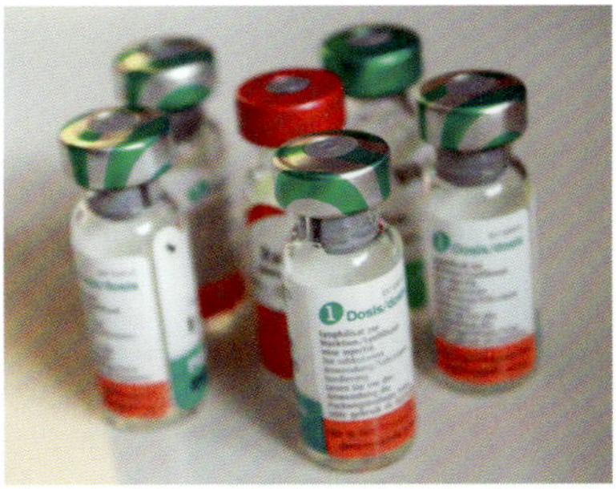

Welche Medikamente oder Substanzen nun zu Entzündungen führen ist weitestgehend unbekannt. Vor diesem Hintergrund erscheint es umso wichtiger genau zu wissen, welche Präparate in welche Körperregionen verabreicht werden.

Risiko gering halten

Um das Risiko der Entstehung eines felinen Fibrosarkoms zu minimieren, sollten nur solche Injektionspräparate verwendet werden, die keine die subkutane Entzündungsreaktion verstärkenden Substanzen, sog. Adjuvantien, beinhalten. Ebenso sollte auf Mischinjektionen verzichtet werden. Die Bereiche des Nackenfells und der Schulterblätter sind für jede Art der Injektion zu meiden, da hier die Entfernung eines Fibrosarkoms oder eines Abszesses nur schwer zufriedenstellend möglich ist. Generell sollten Injektionen nur in Areale verabreicht werden, die chirurgisch gut zu behandeln sind. Die Hintergliedmaßen bieten sich dafür an. Injektionen gleich welcher Art können zu Entzündungsreaktionen der Subkutis führen und eine Tumorentstehung begünstigen. Die Entzündungsreaktionen können mehrere Wochen oder eventuell länger andauern und werden oft nur durch Zufall entdeckt. Es ist daher empfehlenswert, in regelmäßigen Abständen nach einer Injektion

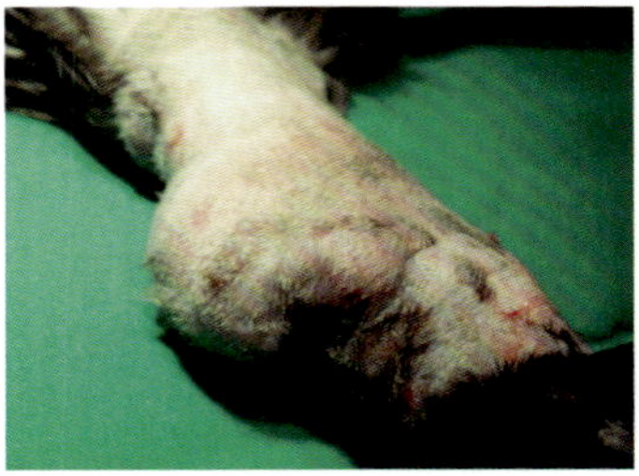

Der Tumor kann jedoch auch an Stellen entstehen, wo weder Injektionen noch sonstige auslösende Faktoren verabreicht wurden. Bei dieser Katze wuchs er an der Vordergliedmaße oberhalb des Vorderfußwurzelgelenkes. Therapie: Amputation.

bzw. Impfung die Stelle zu kontrollieren. Bei der wiederholten Verwendung der gleichen Injektionsstellen kann sich die Entzündungsreaktion potenzieren und das Risiko der Tumorentstehung steigern.

Eine Katze, die alle 3 Jahre eine Injektion bekommt, ist sicherlich kein Risikopatient für ein Fibrosarkom. Katzen zum Zeitpunkt der Erstimpfungen innerhalb der Grundimmunisierung erhalten aber bis zu 3 oder 4 Impfungen im Abstand von wenigen Wochen und nochmals eine nach einem Jahr. Depot-Präparate, wie beispielsweise Kortison, werden bei bestimmten Erkrankungen in regelmäßigen Abständen injiziert. Um möglichst mit der erneuten Injektion nicht in die Nähe der vorangegangenen zu gelangen, bietet sich die Dokumentation der Injektionsstellen an.

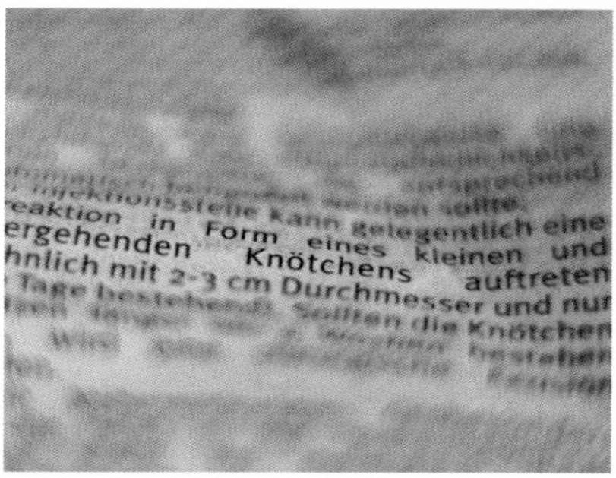

Auszug aus der Gebrauchsinformation einer Tollwutimpfung: Je eher ein verdächtiger Knoten entfernt wird, desto besser. Aber nicht nur bei Impfstoffen ist eine derartige Vorsichtsmaßnahme geboten, sondern bei allen Injektionen in die Unterhaut.

Dokumentation

Hinsichtlich des Ausmaßes der Entzündungsreaktionen spielt es keine Rolle, in welchen Bereich der Haut der Katze injiziert wird. Zur Nachvollziehbarkeit ist es empfehlenswert, das Datum, das Präparat als auch die Injektionsstelle zu dokumentieren. Idealerweise wählt man solche Injektionsstellen, die im Falle einer Komplikation gut zu behandeln sind. Zur radikalen chirurgischen Therapie eines felinen Fibrosarkoms bieten sich die Hintergliedmaßen an, ebenso können Nekrosen als auch Abszesse in diesem Bereich deutlich besser therapiert werden, als am Brustkorb oder im Nackenbereich.

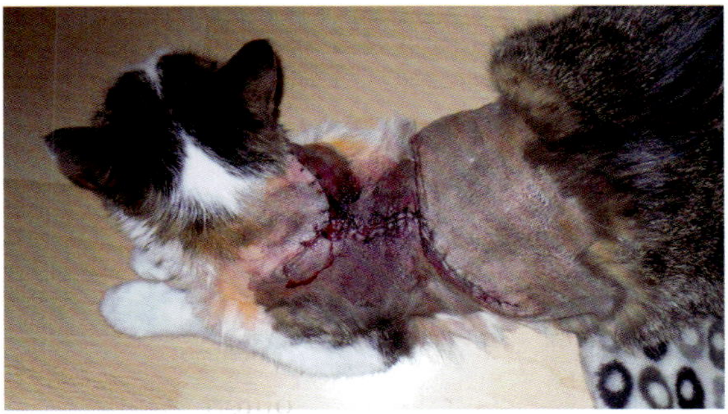

Dieser Katze wurde ein Fibrosarkom zwischen den Schulterblättern entfernt. Nur das radikale und großflächige Entfernen aller möglicherweise betroffenen Gewebe kann zur Heilung führen. Aufgrund der anatomischen Verhältnisse im Nackenbereich ist eine vollständige Entfernung des Tumors oft nicht möglich, so dass er nachwachsen kann.

Bisher lautete die Empfehlung, den Tollwutimpfstoff im Bereich der rechten Hintergliedmaße zu injizieren (gut zu merken: Rabies = rechts), wogegen die Impfung gegen das feline Leukämievirus in das linke hintere Bein verabreicht werden sollte (Leukämie = links). Die Vorteile dieser Dokumentation sind folgende:

- Man weiß, wo man nach der Injektion nach möglichen Veränderungen der Unterhaut zu suchen hat.
- Im Falle einer Fibrosarkomentstehung kann man den Auslöser anhand des Entstehungsortes mit der entsprechenden Impfung in Verbindung bringen.
- Die Entfernung an der Hintergliedmaße gelingt in der Regel deutlich einfacher als im Rücken- bzw. Brustkorbbereich. Als letztendliche Konsequenz könnte die Gliedmaße amputiert werden.

Vor dem Hintergrund, dass jede Art der Entzündung in der Unterhaut nach einer Injektion nicht nur zu Abszessen und Nekrosen führen kann, sondern auch in sehr wenigen Fällen zu Fibrosarkomen, sollten Injektionen bei der Katze gut dokumentiert und der Injektionsort wohl überlegt sein. Injektionen in kurzen Abständen, gleich mit welchen Präparaten, sollten in unterschiedliche Bereiche verabreicht werden, um so die Verstärkung einer möglichen Entzündung zu verhindern.

Jeder Katzenhalter sollte ein *Injektionsbuch* für seine Katze haben, in dem das injizierte Präparat, das Datum und die Lokalisation vermerkt sind. Aufeinanderfolgende Injektionen werden so weit auseinander wie möglich injiziert. Der Oberschenkel ist in vier Injektionsbezirke, der Unterschenkel in einen Injektionsbezirk aufgeteilt. Mit diesem Schema hat man zehn verschiedene, mehr oder weniger weit auseinander liegende Hautstellen für Injektionen zur Verfügung.

Beispiel: Die Erstimpfung erfolgt in der 9. Lebenswoche. Die Injektion des Adjunvantien-freien Impfstoffs geschieht in den Quadranten L(inks) A. Die nächste Impfung vier Wochen später erfolgt in den Quadranten R(echts) A. Sie hätte auch in LE erfolgen können oder LC. Nur nicht erneut in LA. Da über das genaue Flächenausmaß bei injektionsbedingten Entzündungsreaktionen noch nicht viel bekannt ist, und dieses auch sicherlich von den jeweiligen Präparaten abhängt, sollte der größtmögliche Abstand zwischen den jeweiligen Injektionsstellen gewählt werden. Dies wird dann jeweils in den Injektionspass eingetragen. In der Patientenkartei des Tierarztes steht dann bei dem entsprechenden Behandlungseintrag zum Beispiel: LE. Man weiß nun, dass die Injektion in den Bereich des linken Unterschenkels verabreicht wurde.

Für Sie als Katzenhalter

Sie als Katzenhalter brauchen lediglich den Injektionspass bei Ihren Unterlagen für die Katze aufzubewahren, so dass Sie ihn bei jedem Tierarztbesuch dabei haben. Glücklicherweise kommt es äußerst selten zu Injektionskomplikationen, wie Abszesse, Nekrosen oder sogar Tumore. Dennoch kommt es vor, und ein 100 % wirksamer Schutz dagegen ist leider nicht möglich. Mit der Auswahl der Injektionsstelle und der Injektion in unterschiedliche Bereiche, sollte jedoch das Risiko einer Erkrankung deutlich zu minimieren sein. Die nachfolgenden, vorperforierten Seiten sind zum Heraustrennen. Je nach Belieben kann das Injektionsbuch der Katze als Ganzes (siehe Beilage) verwendet, oder die einzelnen Blätter in den Unterlagen Ihrer Katze archiviert werden. Es ist gestattet und gewünscht, die einzelnen Seiten an interessierte Katzenhalter weiterzugeben oder diese zu kopieren. Der Autor gestattet die nicht kommerzielle Verbreitung und Weitergabe der Idee des Injektionsbuches zur Einschränkung injektionsbedingter Komplikationen bei der Katze.

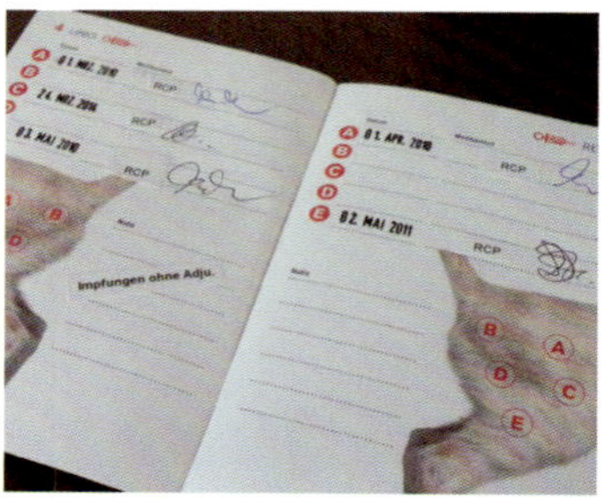

So könnte das Injektionsbuch einer Wohnungskatze aussehen, welche nach abgeschlossener Grundimmunisierung alle 3 Jahre geimpft wird. Es sollten aber auch alle anderen verabreichten Injektionen, wie beispielsweise Antibiotika und Entzündungshemmer, dort eingetragen werden.

RECHTS

	Datum	Medikament
A		
B		
C		
D		
E		

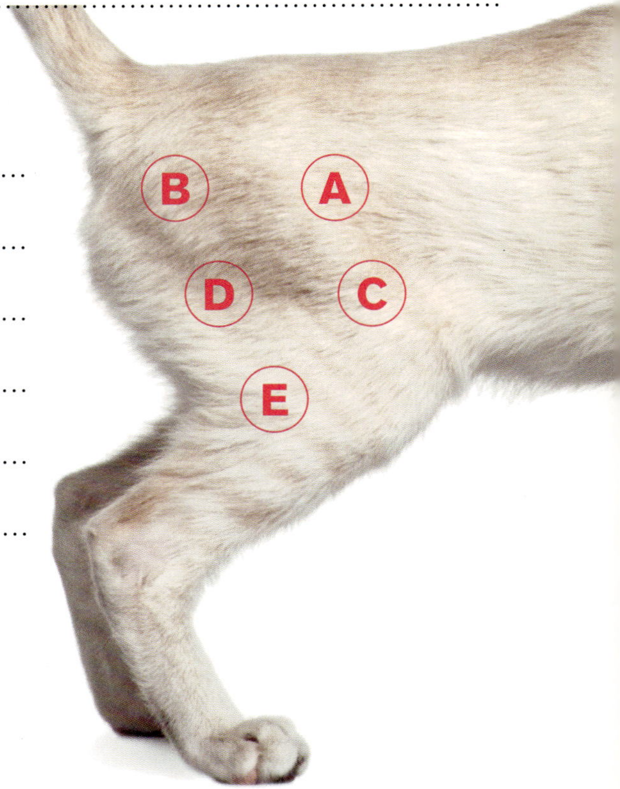

Notiz

LINKS

Datum .... **Medikament** ....

A ....

B ....

C ....

D ....

E ....

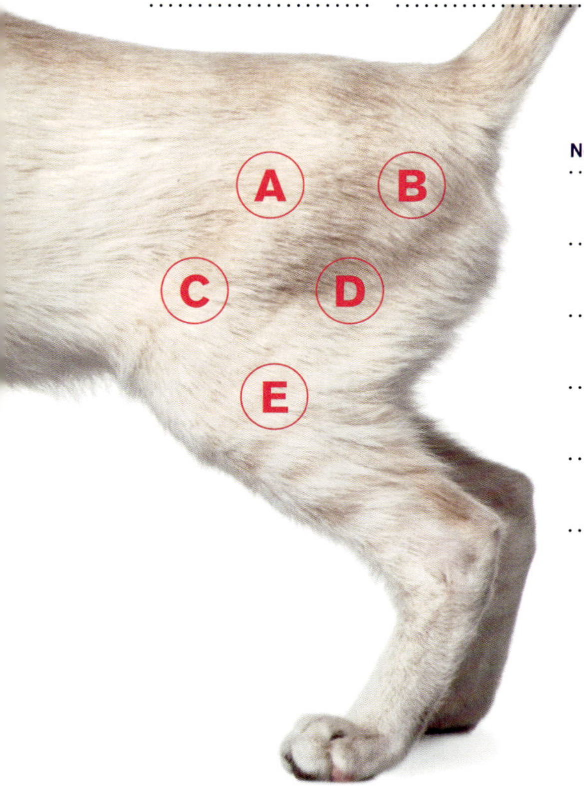

Notiz

....

....

....

....

....

....

RECHTS

	Datum	Medikament
A		
B		
C		
D		
E		

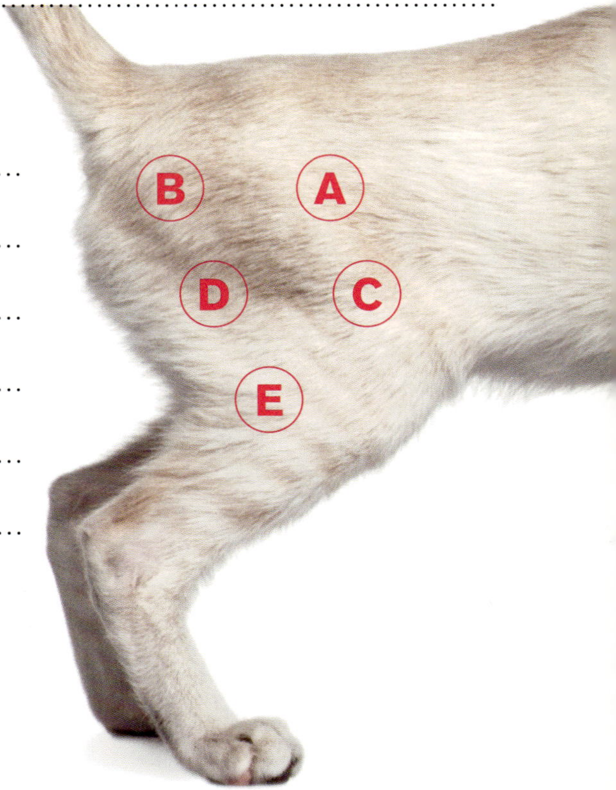

Notiz

LINKS

Datum	Medikament
A	
B	
C	
D	
E	

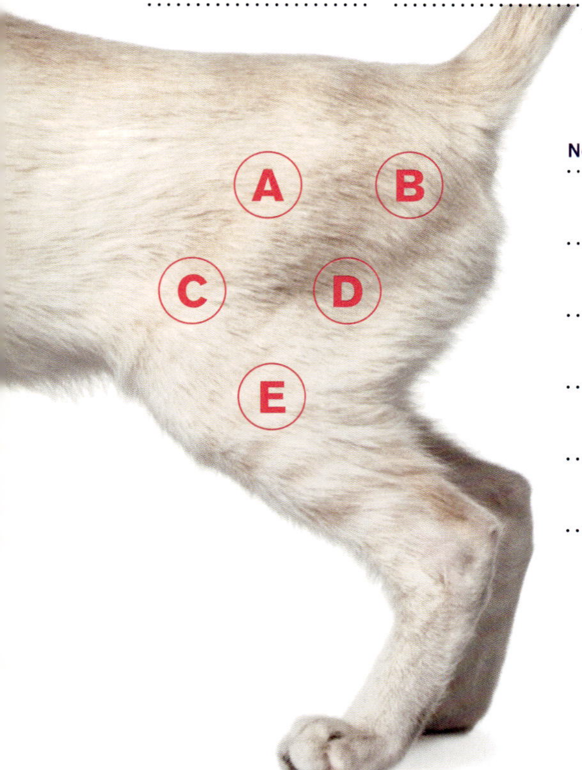

Notiz

RECHTS

	Datum	Medikament
A		
B		
C		
D		
E		

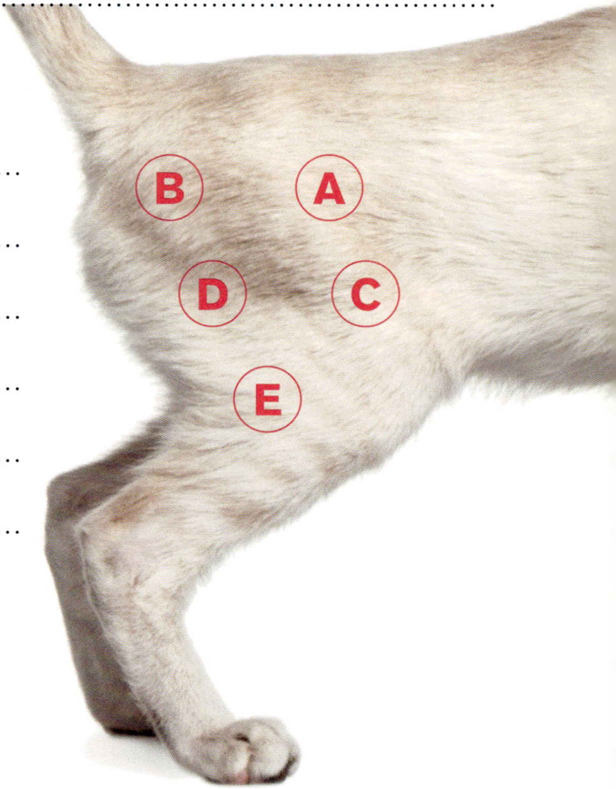

Notiz

LINKS

Datum | **Medikament**

A

B

C

D

E

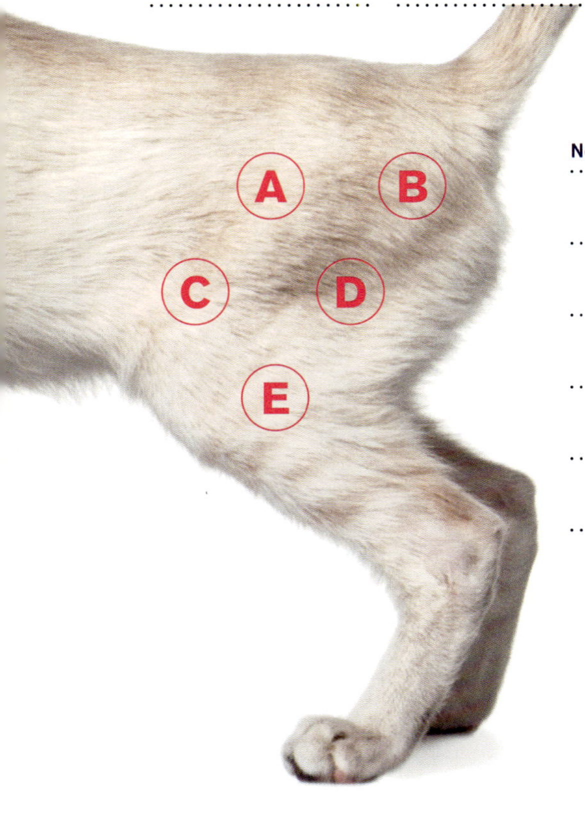

Notiz

RECHTS

	Datum	Medikament
A		
B		
C		
D		
E		

Notiz

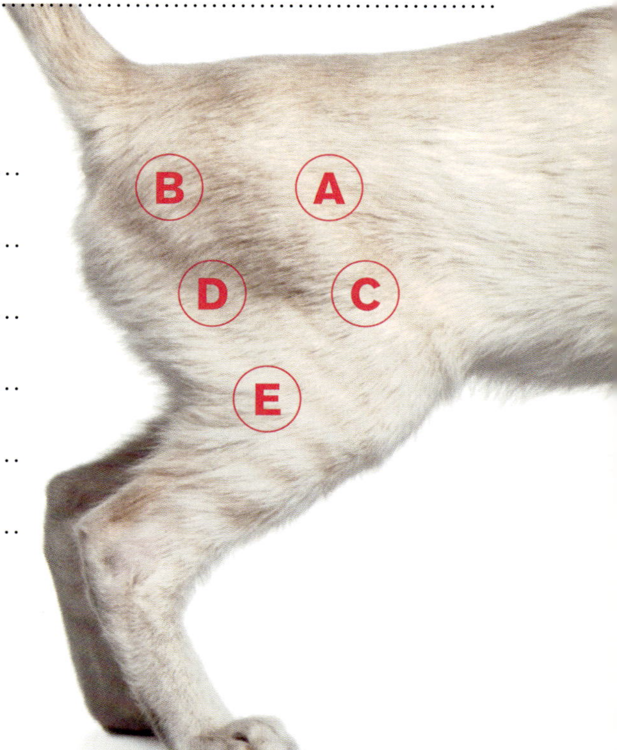

LINKS

	Datum	Medikament
A		
B		
C		
D		
E		

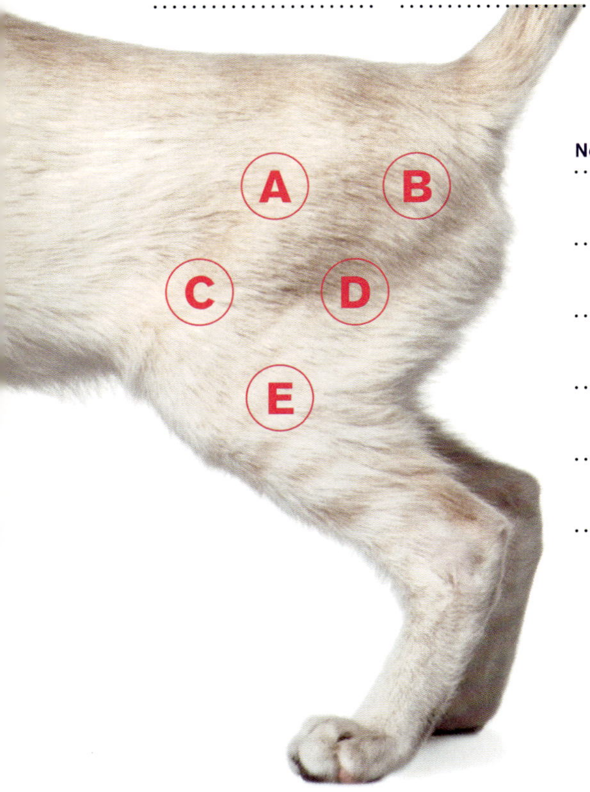

Notiz

RECHTS

	Datum	Medikament
A		
B		
C		
D		
E		

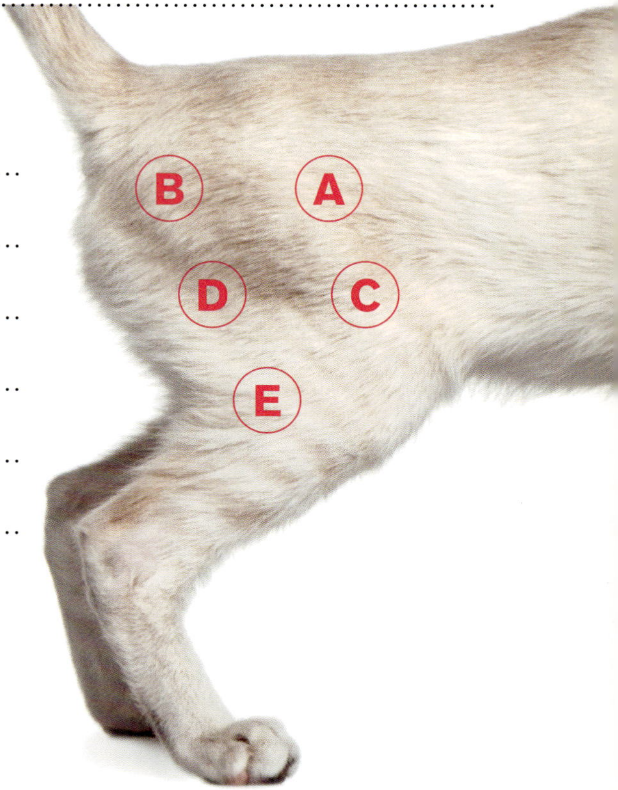

Notiz

LINKS

	Datum	Medikament
A		
B		
C		
D		
E		

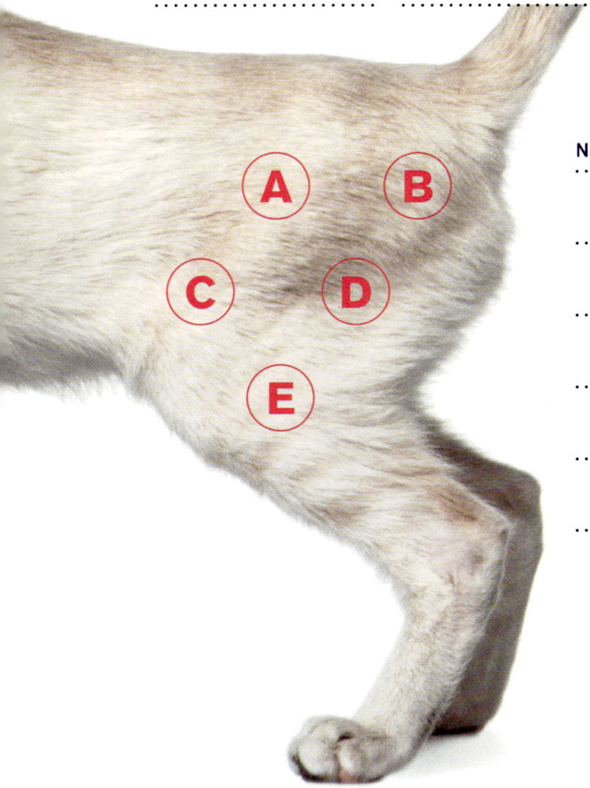

Notiz

RECHTS

	Datum	Medikament
A		
B		
C		
D		
E		

Notiz

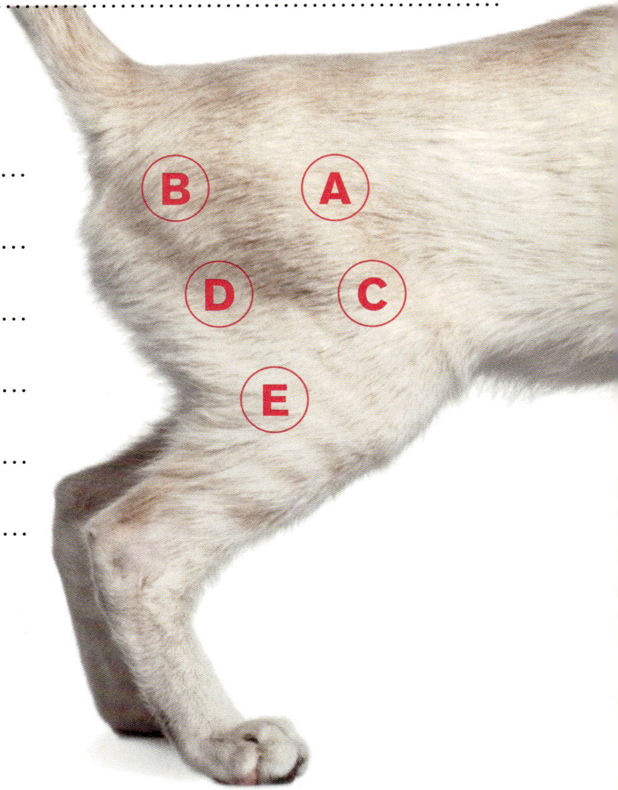

LINKS

	Datum	Medikament
A		
B		
C		
D		
E		

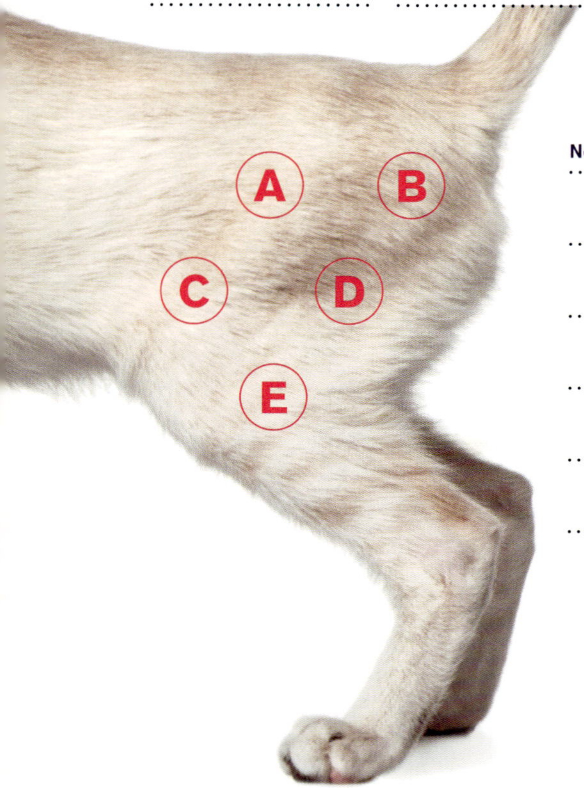

Notiz

RECHTS

	Datum	Medikament
A		
B		
C		
D		
E		

Notiz

LINKS

	Datum	Medikament
A		
B		
C		
D		
E		

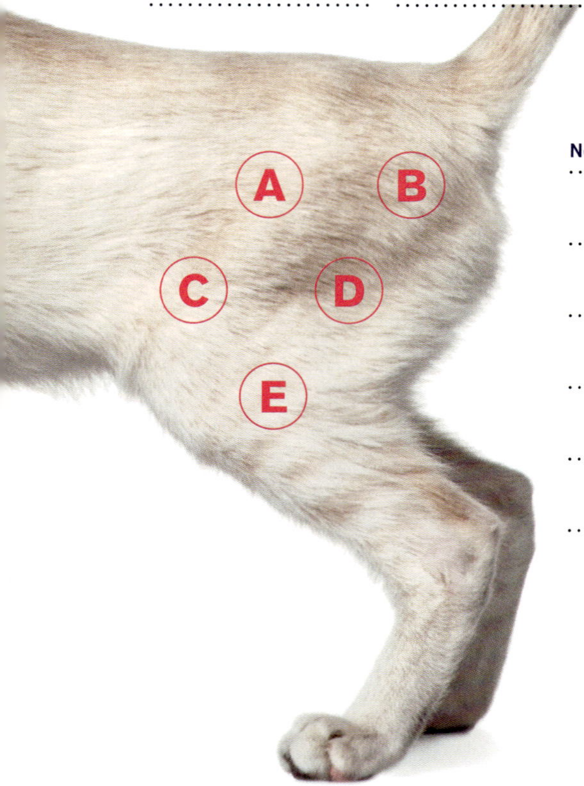

Notiz

Register

Impressum

Antheon Verlag e K
Fischbachstrasse 10 a
61440 Oberursel

Telefon 06171-6981892
Fax 06171-6981891
info@antheon.de
www. antheon.de

Gestaltung: Markus Rühl

Fotos: Anna Kuhn
ausser Titel: shutterstock.com
Seite 9: wikipedia
Seite 21, 24: shutterstock.com
Seite 77: wikipedia/oosoom
Seite 94: wikipedia/WizardOfOz

Druck: freiburger graphische betriebe GmbH & Co. KG

Bibliographische Informationen der Deutschen Bibliothek

Die Deutsche Bibliothek verzeichnet diese Publikation in der Deutschen Nationalbibliographie; detaillierte bibliographische Daten zu diesem Werk sind im Internet unter http://dnb.ddb.de abrufbar.

Alle in diesem Buch enthaltenen Ratschläge und Informationen, z. B. Produktbeschreibungen, Preis- und Mengenangaben, Berechnungen usw., sind sorgfältig geprüft. Eine Garantie hierfür kann jedoch nicht übernommen werden. Ausgeschlossen ist auch jegliche Haftung des Verlages bzw. einzelner Autoren und Bearbeiter für Personen-, Sach- und Vermögensschäden, die auf die Nutzung von Inhalten aus dem vorliegenden Werk bezogen werden. Die Entscheidung für oder gegen eine bestimmte Therapie liegt in der Verantwortlichkeit des behandelnden Tierarztes und kann von den hier vorgestellten abweichen. Durch den Katzenhalter zu Hause durchzuführende Therapiemaßnamen sollten zuvor immer vom behandelnden Tierarzt erklärt und gezeigt werden.

Notfälle bei Katzen

Erkennen – Helfen – Leben retten

Leider gehen bei unseren Katzen nicht alle Notfälle mit offensichtlichen Krankheitssymptomen einher. Die Katze ist in der Lage, schwerwiegende Symptome zu unterdrücken, sodass sich lebensbedrohliche Situationen über einen längeren Zeitraum und vom Katzenhalter unbemerkt entwickeln können. Im Gegensatz dazu gibt es aber auch Notfälle, die die Katze unvorbereitet treffen, und ohne tiermedizinische Hilfe innerhalb weniger Minuten bis Stunden zum Tod führen.

Dr. Michael Streicher, Fachtierarzt in eigener Katzenpraxis, stellt Ihnen die häufigsten und gefährlichsten Katzennotfälle aus der täglichen Praxis vor.

128 Seiten, 16,95 € (D) 17,45 € (A)
ISBN 978-3-9444-3100-0

fachlich
sachlich
kompetent

Infektionsgefahr Katze

Katzen können krank machen

Auch wenn sie sich uns Menschen nicht unterordnen, so besteht doch in der Regel ein enger und inniger Kontakt zu ihnen. Daraus ergibt sich zwangsläufig das Risiko der Krankheitsübertragung, sei es durch die täglichen Streicheleinheiten, durch Bisse und Kratzer oder nur durch das unbedachte Reinigen der Katzentoilette. Die meisten von der Katze auf den Menschen übertragbaren Erkrankungen sind nicht lebensbedrohlich. Es gibt jedoch auch Ausnahmen, die zu ernsthaften gesundheitlichen Problemen führen können. Dieser kleine Ratgeber möchte Ihnen die häufigsten und wichtigsten Erreger, sowie die Möglichkeiten zur Infektionsvermeidung und zum schnellen und sicheren Erkennen einer Erkrankung bei sich selber und der Katze aufzeigen. Für schwangere Katzenhalterinnen, oder solche, die es werden möchten, beinhaltet das Kapitel Toxoplasmose alles Wichtige rund um die möglichen Gefahren und die Vermeidung einer Toxoplasmoseinfektion.

64 Seiten, 8,98 € (D) 9,20 € (A)
ISBN 978-3-9444-3103-1

antheon

fachlich
sachlich
kompetent

Risiken der Homöopathie bei Katzen

Gefahren und Grenzen der Selbstdiagnose

Es ist meist nicht das gewählte Präparat der Auslöser allen Übels, sondern die Unterschätzung oder Fehlinterpretation der durch den Katzenhalter wahrgenommenen Symptome.

Dr. Streicher, Fachtierarzt in eigener Katzenpraxis, geht sogar noch einen Schritt weiter: Er vermutet, dass derzeit mehr Katzen an der Homöopathie Schaden nehmen, als dass ihnen damit geholfen wird.

Erstmalig erscheint nun ein homöopathiekritischer tiermedizinischer Ratgeber, der nicht die Methode an sich, sondern deren laxe Handhabung scharf kritisiert.

An vielen Beispielen aus der Praxis werden dem homöopathieinteressierten Katzenhalter die Schwierigkeiten der Diagnosefindung aufgezeigt und Hilfen zur Selbsteinschätzung des Gesundheitszustandes seiner Katzen gegeben.

128 Seiten, 16,95 € (D) 17,45 € (A)
ISBN 978-3-9444-3104-8

antheon

Dr. Michael Streicher,

Jahrgang 1973, hat nach seinem Studium in mehreren Kleintierkliniken in Deutschland gearbeitet. Nach seiner Fachtierarztausbildung machte er sich im Jahre 2009 mit einer ausschließlich auf Katzen spezialisierten Praxis in der Nähe von Frankfurt am Main selbständig. Neben seiner Praxistätigkeit ist es sein Hauptanliegen, durch Seminare, Veröffentlichungen und Ratgeber dem interessierten Katzenhalter fachlich fundierte Informationen für ein gesundes, glückliches und langes Katzenleben zu bieten.